FORSCHUNGSBERICHTE
DES WIRTSCHAFTS- UND VERKEHRSMINISTERIUMS
NORDRHEIN-WESTFALEN

Herausgegeben von Staatssekretär Prof. Leo Brandt

Nr. 275

Prof. Dr.-Ing. habil. K. Krekeler
Dipl.-Ing. H. Verhoeven

Qualitative Untersuchungen von Punktschweißverbindungen
an Tiefzieh- und Aluminiumblechen, die nach dem
Argonarc-Punktschweißverfahren hergestellt werden

Als Manuskript gedruckt

WESTDEUTSCHER VERLAG / KÖLN UND OPLADEN
1956

ISBN 978-3-663-04105-4   ISBN 978-3-663-05551-8 (eBook)
DOI 10.1007/978-3-663-05551-8

Forschungsberichte des Wirtschafts- und Verkehrsministeriums Nordrhein-Westfalen

Gliederung

1. Einleitung . . . . S. 5
2. Erläuterung des Argonarc-Lichtbogenpunktschweißverfahrens . . S. 6
3. Versuchsdurchführung . . . . S. 9
    3.1 Werkstoffe . . . . S. 9
    3.2 Prüfverfahren . . . . S. 1o
    3.3 Einflußfaktoren beim Lichtbogenpunktschweißen . . . . . . S. 12
    3.31 Einfluß der Nachströmzeit des Schutzgases . . . . S. 12
    3.32 Einfluß des Anpreßdruckes . . . . S. 12
    3.33 Einfluß der Argonmenge . . . . S. 13
4. Versuchsauswertung . . . . S. 14
    4.1 Untersuchungen an Stahlblechen . . . . S. 14
    4.11 Einfluß des Elektrodenabstandes . . . . S. 14
    4.12 Einfluß der Oberflächenbeschaffenheit der Bleche . . . . S. 15
    4.13 Einfluß der Schweißstromstärke und Schweißzeit . . . . . S. 16
    4.14 Einfluß der Elektrodentypen (Elektrodenwerkstoff) . . . . S. 2o
    4.15 Einfluß der unterschiedlichen Stärke von Ober- und Unterblech . . . . S. 22
    4.16 Metallographische Untersuchungen . . . . S. 23
    4.2 Untersuchungen an Reinaluminiumblechen . . . . S. 28
    4.2o Allgemeines über Schweißen von Aluminium . . . . S. 28
    4.21 Einfluß der Oberflächenbeschaffenheit der Bleche . . . . S. 28
    4.22 Einfluß des Elektrodenabstandes und Elektrodenabbrandes S. 29
    4.23 Einfluß der Argonmenge . . . . S. 32
    4.24 Einfluß der Nachströmzeit des Schutzgases . . . . S. 33
    4.25 Einfluß der Schweißstromstärke und der Schweißzeit . . . S. 33
    4.26 Einfluß der Elektrodentype . . . . S. 36
    4.27 Einfluß der Blechstärke . . . . S. 36
    4.28 Einfluß der unterschiedlichen Stärke von Oberblech und Unterblech . . . . S. 37
    4.29 Metallographische Untersuchungen . . . . S. 37
    4.3 Untersuchungen vorliegender Lichtbogenverhältnisse . . . S. 41
5. Zusammenfassung . . . . S. 47
6. Literaturverzeichnis . . . . S. 52

Forschungsberichte des Wirtschafts- und Verkehrsministeriums Nordrhein-Westfalen

1. Einleitung

Die Schweißtechnik hat dank der Vielzahl ihrer differenzierten Fertigungsverfahren namentlich während der letzten 25 Jahre einen nahezu unvergleichlichen Siegeslauf genommen und ist heute für die industrielle Fertigung unentbehrlich. An ihren Erfolgen hat die elektrische Widerstandsschweißung einen bedeutenden Anteil.

Während die elektrische Lichtbogenschweißung sowohl bei der Einzelfertigung als auch bei der Massenfertigung verwendet wird, ist das Hauptanwendungsgebiet der elektrischen Widerstandsschweißung - bis auf wenige Ausnahmen - die Massenfertigung. Hierbei erzielt sie gegenüber anderen Schweißverfahren hochwertige Schweißverbindungen bei hervorstechender Wirtschaftlichkeit.

Die Anwendungsmöglichkeit dieser Schweißmethode wird fast ausnahmslos durch konstruktive Gesichtspunkte und nicht durch den Werkstoff als solchen bestimmt. Mit Hilfe der elektrischen Widerstandsschweißung lassen sich nämlich alle Werkstoffe, die im knetbaren Zustand verschweißbar sind, unter Anwendung von Druck (Preßschweißverfahren) verschweißen. Darüber hinaus können durch Widerstandsschweißverfahren verschiedenste Metalle miteinander verbunden werden, die aus metallurgischen Gründen durch die Schmelzschweißung nicht miteinander verschweißt werden können.

Die Grenzen bezüglich der Anwendung in konstruktiver Hinsicht werden für diese Verfahren im wesentlichen einmal durch die Materialstärke an der Verbindungsstelle und zum anderen durch die Größe der Konstruktion bestimmt. Während die mit der elektrischen Widerstandsschweißung verschweißbaren Werkstoffdicken nach unten zu praktisch nicht begrenzt sind, werden üblicherweise Werkstoffstärken bei Stahl von über 2 x 6 mm (maximale Stärke etwa 2 x 12 mm) bzw. Werkstoffquerschnitte über 40 000 mm^2 nicht mehr verarbeitet, da sonst die Wirtschaftlichkeit wegen der benötigten Energiegröße und wegen unzulässiger Elektrodenabnutzung nicht mehr gegeben ist. Ferner sind bei der elektrischen Widerstandsschweißung unterschiedliche Materialstärken nur sehr begrenzt miteinander verschweißbar. Es müssen vor allem die Verbindungsstellen - abgesehen von vereinzelten Ausnahmen - für die Durchführung der Schweißung von beiden Seiten zugänglich sein.

Das hier behandelte Schutzgas-Lichtbogenpunktschweißen erschließt der Punktschweißung als solche ein weiteres Anwendungsgebiet, als es sich vorstehend vor allem aus den beiden letztgenannten Einschränkungen ergibt.

Die vorliegende Arbeit soll in erster Linie optimale Arbeitsbedingungen für das Argonarc-Lichtbogenpunktschweißen von Tiefzieh- und Aluminiumblechen festlegen und darüber hinaus weitgehend die einzelnen Einflußfaktoren und ihre gegenseitige Abhängigkeit in verfahrenstechnischer Hinsicht ermitteln. Für die Bewertung dient als Kriterium die Festigkeit. Hierzu sind im einschlägigen Schrifttum verhältnismäßig wenige Angaben bekannt, so daß dem Anwender zur Klärung dieser Fragen die Durchführung von eigenen Versuchen überlassen bleibt, was den Absatz dieser Schweißanlagen erschwert und somit die Verbreitung dieser Schweißmethode hindert.

2. Erläuterung des Argonarc-Lichtbogenpunktschweißverfahrens

Zum besseren Verständnis des vorliegenden Untersuchungsberichtes sei kurz das Verfahren erläutert.

Das Argonarc-Lichtbogenpunktschweißen ist, aufbauend auf den bei der Argonarc-Schweißung gewonnenen Erkenntnissen, in den Vereinigten Staaten entwickelt worden. Es ist im wesentlichen durch den Lichtbogen gekennzeichnet, der während des Punktens zwischen einer sich nur wenig verbrauchenden Elektrode und dem Werkstück in einer Schutzgas-Atmosphäre gezogen wird.

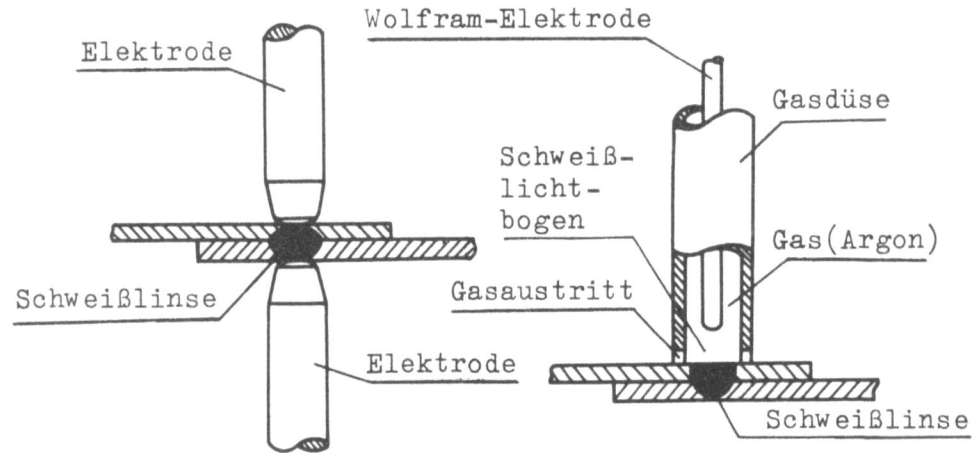

Abbildung 1

Schematische Darstellung der Widerstands- und Lichtbogenpunktschweißung

Forschungsberichte des Wirtschafts- und Verkehrsministeriums Nordrhein-Westfalen

Die Abbildung 1 veranschaulicht die Gegenüberstellung der Widerstandspunktschweißung und der Lichtbogenpunktschweißung. Während bei der Widerstandspunktschweißung die zu verbindenden Teile von zwei gegeneinander wirkenden Elektroden zusammengepreßt werden und die Schmelzwärme vorwiegend durch den Übergangswiderstand an der Berührungsstelle des Punktes entsteht, erfolgt bei der Lichtbogenpunktschweißung die Wärmezufuhr von einer freien Fläche des Überlappungsstoßes her. Die Teile werden hierbei direkt nur um den sich bildenden Schweißpunkt zusammengepreßt; es handelt sich somit also um ein Schmelzschweißverfahren. Dem Schutzgas (Argon für die Anwendung in europäischen Staaten, Argon oder Helium für die Anwendung in Amerika) fällt in erster Linie die Aufgabe zu, die Wolfram-Elektrode vor der schädlichen Einwirkung der Atmosphäre zu schützen. Hierdurch wird der Abbrand der Elektrode sehr gering gehalten und somit die Durchführung der Schweißung vom fertigungstechnischen und wirtschaftlichen Gesichtspunkt aus möglich. Das Zünden des Lichtbogens erfolgt bei vorgegebenem Abstand der Elektrode vom Werkstück durch hochfrequenten Strom (300 bis 400 kHz), der dem Schweißstrom überlagert wird.

Die Anordnung beim Schweißen ist folgende: In einer Punktschweißpistole (Halterung mit Stromzufuhr und dergl. - s. Schnittdarstellung in Abb. 2)

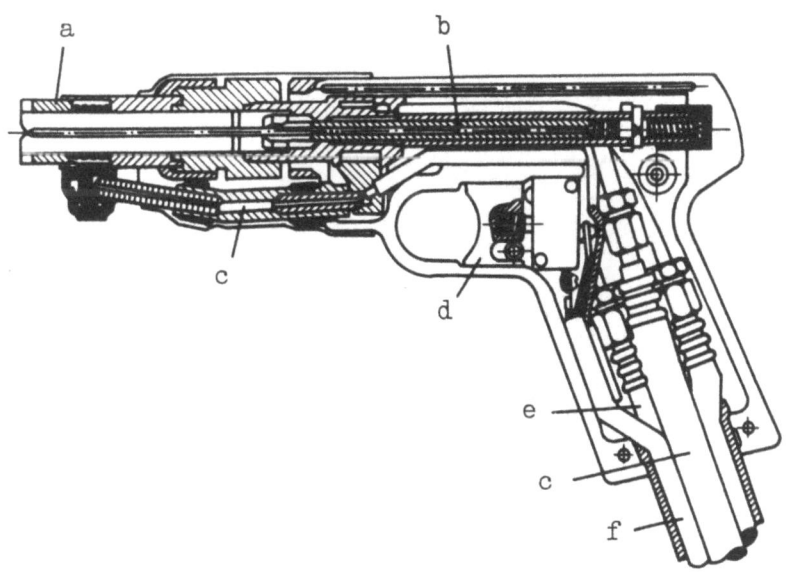

A b b i l d u n g 2

Punktschweißpistole HW 8 im Schnitt

    a = Düse   d = Schalter für Steuerkreis
    b = Elektrode   e = Argon
    c = Wasserkühlung   f = Steuerleitung

ist die Wolframelektrode konzentrisch von einer Düse umgeben und so eingespannt, daß nach Aufsetzen dieser Düse auf die zu schweißenden Werkstücke eine günstige Lichtbogenlänge gegeben ist. Der Düsenrand selber weist vier Kerben auf, durch die das Argongas die Luft verdrängt und ausströmt. Die Schweißpistole wird fest von Hand gegen das Werkstück gedrückt, damit ein weitgehend sattes Anliegen der zu punktenden Teile (Oberblech und Unterblech) gewährleistet ist. Schweißstromstärke und Schweißzeit werden so bemessen, daß der Einbrand das Oberblech über die ganze Dicke aufschmilzt und dabei soviel Wärme auf das darunterliegende Werkstück übertragen wird, bis dieses anschmilzt und bis die Schmelzen beider Teile sich vereinigen. Dieser Vorgang spielt sich in der Schutzgasatmosphäre ab, die solange nach dem Löschen des Lichtbogens bestehen bleibt, daß keine schädliche Oxydation der Elektrode auftreten kann.

Zu einer Argonarc-Punktschweißanlage gehören Schweißstromquelle, Steuerschrank, Argonflasche und Durchflußmengenmesser. Die Abbildung 3 gibt den Steuerschrank in geöffnetem Zustand wieder. Der Steuerschrank enthält: Hochfrequenzgenerator, Zeitrelais für die Begrenzung des Schweißstromes, Zeitrelais für die Begrenzung der Nachströmzeit des Schutzgases, Magnet-

A b b i l d u n g 3
Steuerschrank einer Argonarc-Punktschweißanlage (geöffnet)

ventil für das Schutzgas, Transformator für die Hilfsteuerspannung, Kontrollanzeige für das Kühlwasser und verschiedene Schalter.

Der hochfrequente Strom wird im wesentlichen aus den beiden nachfolgenden Gründen dem Schweißstrom überlagert:

a) Er ermöglicht das Zünden des Lichtbogens ohne erfolgte Berührung mit dem Werkstück.

b) Es ist eine Zündhilfe bei Verwendung von Wechselstrom im Augenblick des Nulldurchgangs des sinusförmig verlaufenden Stromes. Es üben nämlich fast alle Metalle auf den durchfließenden Wechselstrom eine Gleichrichterwirkung aus, die bisweilen so stark ausgeprägt ist, daß der Lichtbogen ohne besondere Maßnahmen erlöschen würde.

Erwähnenswert ist noch, daß die Punktschweißpistole HW 8 ein Gewicht von etwa nur 1 kg hat und somit leicht zu handhaben ist.

Die Halterung der Wolframelektrode in der Pistole ist als Spannzange ausgebildet, die ein Lösen durch Druckknopfbetätigung schnell ermöglicht, was für ein leichtes Nachstellen bzw. Einstellen der Lichtbogenlänge unbedingt erforderlich ist.

Das Argongas wird in handelsüblichen Flaschen (Rauminhalt 40 Ltr. bzw. 10 Ltr.) angeliefert. Der für das Schweißen benötigte Reinheitsgrad von 99,8 % wird von den Füllwerken garantiert. Die Entnahme des Gases aus den Flaschen erfolgt über Reduzierventil, wobei das Arbeitsmanometer die Durchflußmenge anzeigt bzw. ein zwischengeschalteter Durchflußmengenmesser.

3. Versuchsdurchführung

3.1 Werkstoffe

Die Untersuchungen erstreckten sich auf:
1) Handelsbleche der Normenbezeichnung St III 23 (Thomasstahl)
   Analyse:
   C: 0,05 - 0,12 %; Si: Spuren; Mn: 0,2 - 0,4 %; P: = 0,8 %; S: = 0,06 %
   Blechstärken: 0,5 mm, 1,0 mm, 1,5 mm, 2,0 mm
2) Tiefziehblech St VII 23 nach DIN 1623
   Analyse:
   C: 0,05 - 0,12 %; Mn: 0,3 - 0,5 %; P: = 0,03 %; S: = 0,04 %
   Technologische Werte: σ_B = 28 - 38 kg/mm²; δ_{10} = 26 - 28,5 %
   Blechstärken: 0,62 mm, 0,75 mm, 0,88 mm, 1,0 mm, 1,2 mm, 1,5 mm.

3) Tiefziehblech St VIIIc 23

Blechstärken und Analysen:

Stärke mm	C %	Si %	Mn %	P %	S %
0,5	0,09	0,05	0,37	0,013	0,023
0,75	0,08	0,04	0,29	0,014	0,015
1,0	0,07	0,06	0,34	0,008	0,020
1,25	0,085	0,078	0,20	0,015	0,027
1,5	0,05	0,09	0,28	0,024	0,021
2,0	0,10	0,101	0,37	0,015	0,024

4) Kaltgewalztes Aluminiumblech Al 99,5 halbhart

Analyse: Fe + Si + Cu + Zn + Ti = 0,5 %

Technologische Werte: $\sigma_B = 8$ kg/mm^2; $\delta_{10} = 35$ %; $H_B = 22$ kg/mm^2.

3.2 Prüfverfahren

Die Aufgabe dieser Arbeit besteht darin, die für eine nach dem Argonarc-Punktschweißverfahren hergestellte Verbindung günstigen Optimalwerte zu ermitteln. Das setzt zunächst die Festlegung der Faktoren nach Art und Größe voraus, die den Schweißvorgang beeinflussen. Die Hauptkriterien, die zur qualitativen Beurteilung einer Punktschweißverbindung herangezogen werden, sind Gefüge- und Festigkeitsuntersuchungen. Die Gefügeuntersuchungen bringen wertvolle Aufschlüsse über den Werkstoff und seine Schweißbarkeit. Außer der beim Schweißen entstehenden Struktur werden hierbei auch Einschlüsse verschiedener Art sichtbar, die sich auf die Schweißverbindung ungünstig auswirken können. Ferner treten hierbei Fehler zutage, wie Hohlräume, Schlackeneinschlüsse, ungenügende Durchschweißung und dergleichen.

Zur Ermittlung absoluter Angaben über Festigkeit einzelner Punkte dient der in DIN-Vornorm 50 124 aufgestellte Scherzugversuch. Diese Norm schreibt eine Probengröße von 300 x 100 mm vor, die mit 10 Schweißpunkten (s. Abb. 4) verschweißt werden sollen. Die Norm verlangt ein Trennen dieser Probe durch Sägeschnitt, um so einschnittige Einpunktproben zu erhalten. Dieses Verfahren kann im Gegensatz zum Widerstandspunktschweißen beim Argonarc-Punktschweißen nicht angewendet werden, wie sich dieses bei den Vorversuchen herausstellte. Das Widerstandsschweißen verursacht

Forschungsberichte des Wirtschafts- und Verkehrsministeriums Nordrhein-Westfalen

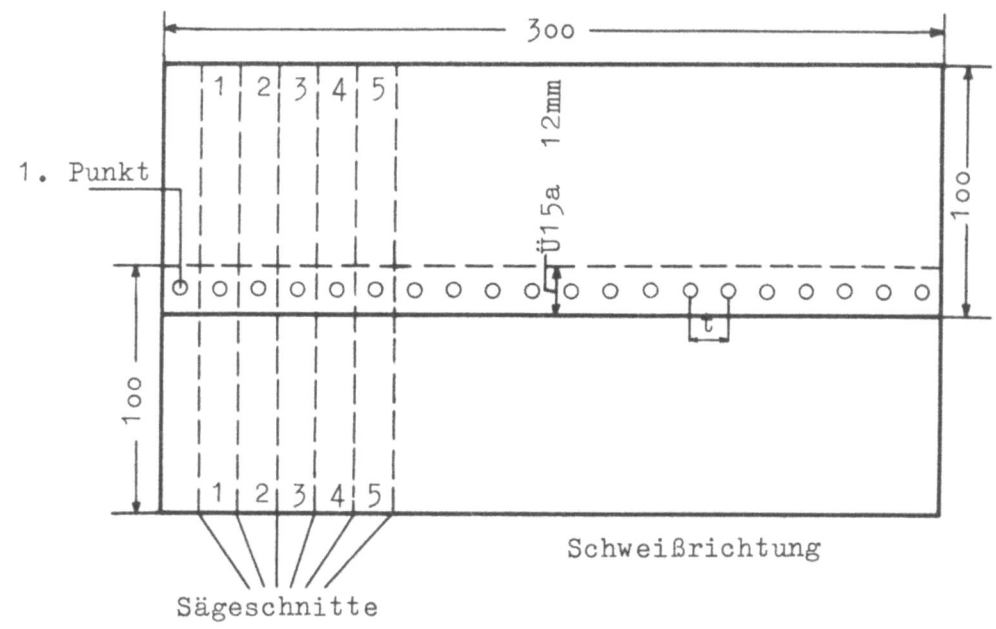

Abbildung 4

Abmessungen der Proben zur Prüfung der Scherzugfestigkeit
von Punktschweißverbindungen (DIN-Vornorm 5o 124)

eine nahezu gleichmäßige Erwärmung sowohl des Ober- wie auch des Unterbleches; das Argonarc-Punktschweißen hingegen erwärmt wesentlich stärker das Oberblech wobei das Unterblech je nach Stärke verhältnismäßig kalt bleibt. Es tritt also beim Lichtbogenpunktschweißen eine ungleiche Wärmeausdehnung beider Bleche auf. Die Folge hiervon sind Verwerfungen bei dünnen Blechen und evtl. Abscherung bei dicken Blechen. Im Zusammenhang hiermit stehen größere Beanspruchungen beim Sägen der nach DIN vorgeschriebenen Proben, so daß sichere Aussagen über die Festigkeit der Punktverbindungen nicht möglich sind. Auf Grund dieser Begebenheiten werden für die hier beschriebenen Versuche die Abmessungen der Scherzugprobe in

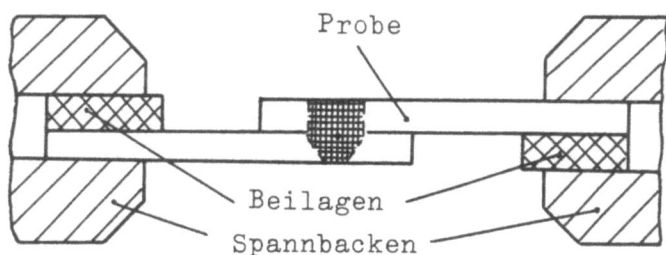

Abbildung 5

Einspannen der Scherzugprobe in der Zerreißmaschine

Forschungsberichte des Wirtschafts- und Verkehrsministeriums Nordrhein-Westfalen

der Weise eingehalten, daß einzelne Blechstücke in der Größe von 30x100 mm miteinander durch Punkten verbunden werden.

Die so verschweißten Proben werden mit Beilagen gleicher Stärke in die Zerreißmaschine eingespannt, um dem Auftreten von Biegemomenten weitgehend entgegenzuwirken.

Die Anordnung von Scherzugprobe, Beilagen sowie Spannbacken der Zerreißmaschine ist in Abbildung 5 wiedergegeben.

3.3 Einflußfaktoren beim Lichtbogenpunktschweißen

Vorweg werden die Faktoren behandelt, die sich sowohl beim Punkten von Handelsblechen als auch beim Punkten von Tiefzieh- und Aluminiumblechen in gleicher oder ähnlicher Weise auswirken.

3.31 Einfluß der Nachströmzeit des Schutzgases

Dem Schutzgas Argon fällt die Aufgabe zu, Elektrode und Schweißbad vor dem Zutritt der Atmosphäre zu schützen. Dieses gilt nicht nur für die Zeit des eigentlichen Schweißvorganges, sondern auch für eine bestimmte Zeit nach erfolgter Punktung. Diese Zeit, die sogenannte Nachströmzeit, muß so bemessen sein, daß eine ausreichende Abkühlung von Elektrode und Schweißbad eingetreten ist, damit die dann hinzutretende Atmosphäre ohne schädliche Wirkung bleibt. Für die Versuche wurde einheitlich diese Nachströmzeit auf 15 Sekunden festgesetzt und durch das Zeitrelais im Steuerschrank gleichmäßig eingehalten. Gleichzeitig diente dieses Zeitmaß für die Festlegung der zeitlichen Punktfolge. Unmittelbar nach Aussetzen des Argonflusses wurde die nächste Schweißung durchgeführt, um so alle Punktungen unter denselben Bedingungen vorzunehmen.

3.32 Einfluß des Anpreßdruckes

Der Anpreßdruck wird bei diesem Verfahren durch die manuelle Kraft des Bedienungsmannes ausgeübt. Er muß so bemessen sein, daß die zu punktenden Teile satt aufeinander liegen und, sofern nicht andere Hilfsmittel verwendet werden, in der durch die Konstruktion bestimmten Lage bis nach eingetretener Erstarrung der Schweißstelle gehalten werden. Durchgeführte Messungen haben ergeben, daß die manuelle Kraft bei den für dieses Verfahren möglichen Blechstärken ausreichend ist, um diese Bedingung einzuhalten. Darüber hinaus konnte keine Relation zwischen Güte des Scherpunktes einerseits und Anpreßdruck andererseits nachgewiesen werden.

3.33 Einfluß der Argonmenge

Die Festlegung der optimalen Argonmenge ist bei der Lichtbogenpunktschweißung sowohl in schweißtechnischer wie auch wirtschaftlicher Hinsicht von Bedeutung. Die Argonmenge muß so bemessen sein, daß eine ausreichende Schutzwirkung für Elektrode und Werkstück gegenüber der Atmosphäre gewährleistet ist. Bei unvollkommenem Gasschutz tritt ein heftiges Spritzen des Lichtbogens ein, was an einem weißlichen Niederschlag auf dem Werkstück ersichtlich ist. Ist der Argonfluß zu groß, so tritt eine beschleunigte Abkühlung des Schweißpunktes ein, die zu Rißbildungen in der Schweiße und damit zur Herabsetzung der Festigkeit des Schweißpunktes führen kann.

Vom wirtschaftlichen Standpunkt aus muß die Argonmenge möglichst klein bemessen sein, da die Kosten bei der Lichtbogenpunktschweißung hauptsächlich durch die Gaskosten bestimmt werden.

In der Fachliteratur werden für das Argonarc-Punktschweißen Argonmengen von 4 bis 6 bzw. bis 8 Ltr./min angegeben. Die Versuche zeigten demgegenüber, daß in Abhängigkeit von der Scherzugfestigkeit des Punktes die Gasmenge ein Optimum von 9 bis 11 Ltr./min aufweist, wie dieses in Abbildung 6 festgehalten ist. Bei der Vielzahl der durchgeführten Versuche konnte immer wieder festgestellt werden, daß bei einer Argonmenge von 5 bis 6 Ltr. pro Minute der Lichtbogen eine optimale Stabilität aufweist, und daß ferner hierbei die Zündung am leichtesten erfolgt.

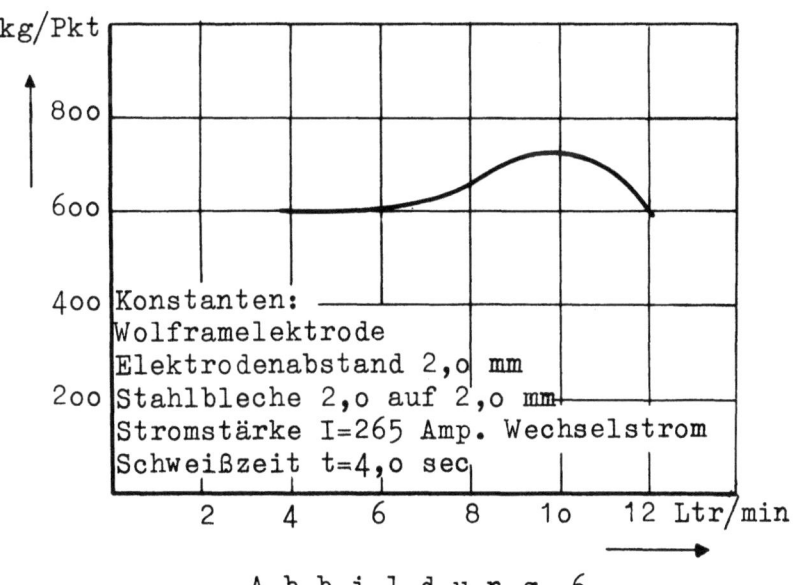

A b b i l d u n g   6

Scherzugfestigkeit des Schweißpunktes in Abhängigkeit
von der Argonmenge bei Stahlblech

Auf Grund vorgenannter Feststellungen bzw. Überlegungen wurden alle drei vorgenannten Einflußgrößen für alle Versuchsreihen gleich groß gewählt.

a) Nach Beendigung der Schweißung (Abschalten des Schweißstromes) strömt das Argon noch 15 Sekunden nach.

b) Die Punktschweißfolge wird durch das Absperren des Schutzgases bestimmt, d.h. nach abgelaufener Nachströmzeit wird die nächste Punktschweißung vorgenommen.

c) Die Argonmenge beträgt 6 Ltr./min.

d) Der Anpreßdruck während des Punktens bleibt unberücksichtigt.

Alle übrigen Einflußgrößen müssen für Stahl- und Aluminiumbleche gesondert ermittelt werden, da sie in Relation zum Werkstoff stehen. Diese Faktoren sind: Elektrodenabstand, Schweißstromstärke, Schweißzeit, Blechstärke, unterschiedliche Stärke von Ober- und Unterblech, Oberflächenbeschaffenheit der Bleche und Einfluß der Elektrodentype.

4. Versuchsauswertung

4.1 Untersuchungen an Stahlblechen

4.11 Einfluß des Elektrodenabstandes

Der Einfluß des Elektrodenabstandes auf die Scherzugfestigkeit ist in Abbildung 7 festgehalten. Aus den Kurven geht hervor, daß die höchste Festigkeit bei einem Elektrodenabstand von 2,o mm erreicht wird. Eine Verringerung des Abstandes ist, abgesehen von der erzielbaren Festigkeit, nicht angebracht, da sonst aus der Schmelze Metallteilchen an die Elektrode spritzen und diese verunreinigen; hierdurch tritt eine störende Änderung der Lichtbogenverhältnisse ein. Eine Vergrößerung des Abstandes über 2,o mm hat bei kalter Elektrode Zündschwierigkeiten zur Folge; der Lichtbogen brennt unruhig, die Elektrode weist bei solchem Abstand bereits einen unvertretbar starken Abbrand auf. Dieser Abbrand äußert sich durch Abschmelzen bzw. Verdampfen oder durch wulstförmige Anschwellung der Elektrodenspitze. Die Bildung einer solchen Kappe an der Elektrodenspitze, deren Durchmesser größer ist als der Elektrodendurchmesser, hat eine geringere Einbrandtiefe und eine breitere Aufschmelzzone im Oberblech zur Folge, so daß die übrigen Einflußgrößen in Abhängigkeit von der Festigkeit nicht richtig erfaßt werden können. Die in Abbildung 7 eingetragenen Festigkeitswerte sind Mittelwerte aus jeweils fünf Einzel-

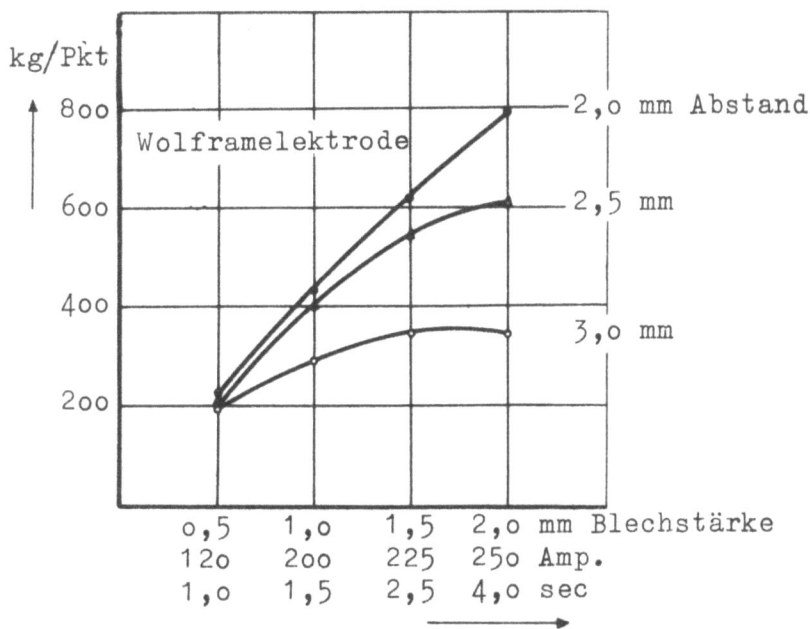

Abbildung 7
Scherzugfestigkeit des Schweißpunktes in
Abhängigkeit von der Lichtbogenlänge

versuchen, die bei konstanten Bedingungen durchgeführt wurden. Der Streubereich betrug maximal ± 20 %.

4.12 Einfluß der Oberflächenbeschaffenheit der Bleche

Zur Erzielung einer guten Schweißverbindung müssen bestimmte Anforderungen an die Oberflächenbeschaffenheit der Bleche gestellt werden. Eine rauhe Oberfläche birgt die Gefahr in sich, daß Schmutzreste in Walzennarben vorhanden sind. Stärkere Rostbildungen verhindern bei der Lichtbogenpunktschweißung eine ungehemmte Wärmeübertragung vom Oberblech ins Unterblech, da hierdurch Unterschiede hinsichtlich einer satten Berührung beider Bleche hervorgerufen werden. Flugrost jedoch, wie er z.B. durch unsachgemäßes Lagern verursacht werden kann, ist ohne merklichen Einfluß auf das Schweißen. Geschmirgelte und durch Beizen blanke Bleche ergaben keine besseren Schweißergebnisse als mit Spuren von Rost bedeckte Bleche. Der Streubereich der Festigkeit von bearbeiteten und unbearbeiteten Blechen zeigte bei den einzelnen Versuchsreihen keine Unterschiede. Auch eine Entfettung der Bleche mit Trichloräthylen läßt beim Verschweißen keine Vorteile erkennen.

Forschungsberichte des Wirtschafts- und Verkehrsministeriums Nordrhein-Westfalen

4.13 Einfluß der Schweißstromstärke und Schweißzeit

Für die Ermittlung des Einflusses von Stromstärke und Schweißzeit wurden Versuchsreihen mit folgenden konstanten Größen ausgewertet:

a) Argonmenge: 6 Ltr./Min.
b) Argonnachströmzeit: 15 Sekunden
c) Elektrodenabstand: 2,o mm
d) Stromart: Wechselstrom

Die Höhe des Schweißstromes und die Schweißzeit beeinflussen entscheidend die Scherzugfestigkeit der Punktschweißverbindungen, da diese beiden Größen in erster Linie die Energiezufuhr ausmachen. Bis zu einem gewissen Grade wird die Scherzugfestigkeit durch Erhöhung des Schweißstromes und der Schweißzeit gesteigert. Wird die Wärmezufuhr durch zu großen Schweißstrom oder zu lange Schweißzeit unzulässig groß, so treten Verbrennungen im Oberblech auf, verbunden mit einem Abfall der Festigkeit.

Die Abbildungen 8 bis 1o veranschaulichen den Einfluß steigender Schweißzeit auf die Ausbildungen der Schweißpunkte. Mit zunehmender Schweißzeit, d.h. mit zunehmender Energiezufuhr wächst der Grad der Aufschmelzung des Unterbleches. Zu große Energiezufuhr hat bereits Verbrennungen (Abb. 1o) zur Folge.

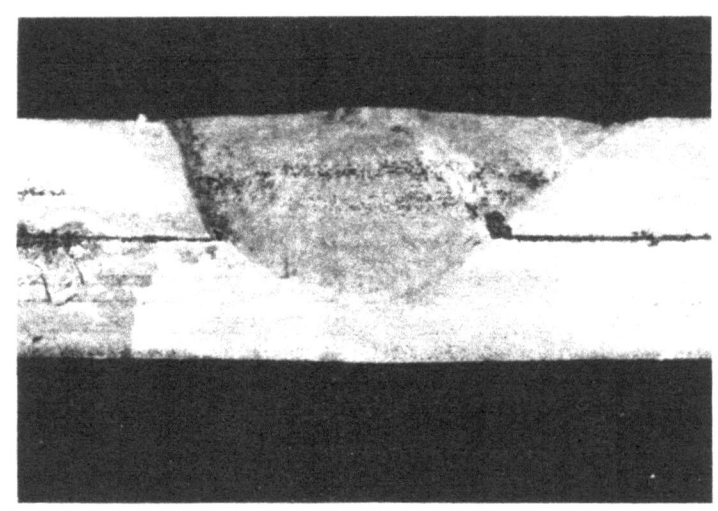

A b b i l d u n g   8

Makroschliff einer Punktschweißstelle V = 1o x

Schweißstrom = 328 A, Schweißzeit = 1,5 s,
Ätzung: Alkohol. Salpetersäure

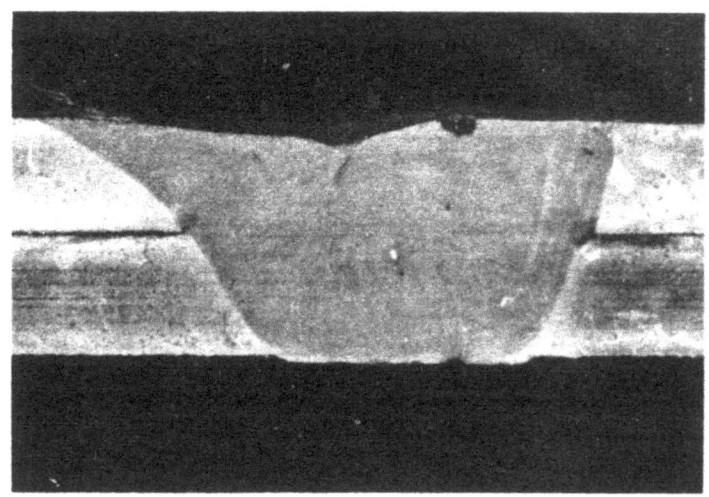

Abbildung 9

Makroschliff einer Punktschweißstelle V = 1o x

Schweißstrom = 328 A, Schweißzeit = 3,5 s,
Ätzung: Alkohol. Salpetersäure

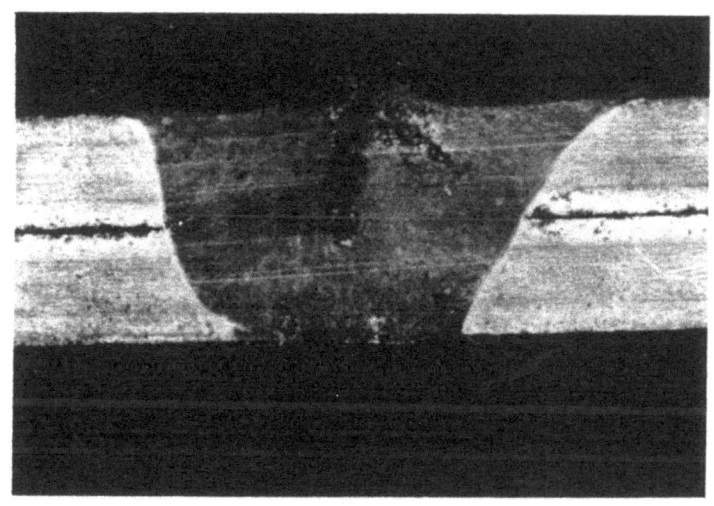

Abbildung 1o

Makroschliff einer Punktschweißstelle V = 1o x

Schweißstrom = 328 A, Schweißzeit = 4,5 s,
Ätzung: Alkohol. Salpetersäure

Für praktische Belange ist der Zusammenhang von Schweißstromstärke und Schweißzeit von Wichtigkeit, der in Abbildung 11 wiedergegeben ist. Bei auftretenden Fehlschweißungen sind Angaben wichtig, ob zur Behebung die Schweißzeit oder der Schweißstrom vergrößert bzw. verkleinert werden muß

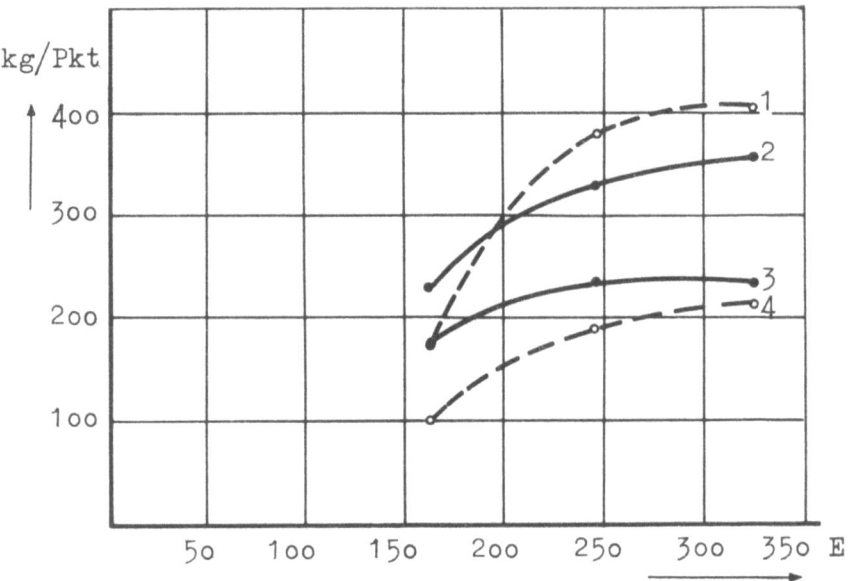

A b b i l d u n g   11

Scherzugfestigkeit des Schweißpunktes in Abhängigkeit
von der zugeführten Energie

1: Wolframelektrode;   große Stromstärke, kleine Zeit
2: thor.leg. Elektr.;   große Stromstärke, kleine Zeit
3: thor.leg. Elektr.;   kleine Stromstärke, große Zeit
4: Wolframelektrode;   kleine Stromstärke, große Zeit

$$E = 162 \text{ Amp} \times \text{sec} = 108 \text{ A} \times 1{,}5 \text{ s}$$
$$E = 162 \text{ Amp} \times \text{sec} = 162 \text{ A} \times 1{,}0 \text{ s}$$

$$E = 245 \text{ Amp} \times \text{sec} = 108 \text{ A} \times 2{,}25 \text{s}$$
$$E = 245 \text{ Amp} \times \text{sec} = 245 \text{ A} \times 1{,}0 \text{ s}$$

$$E = 324 \text{ Amp} \times \text{sec} = 108 \text{ A} \times 3{,}0 \text{ s}$$
$$E = 324 \text{ Amp} \times \text{sec} = 216 \text{ A} \times 1{,}5 \text{ s}$$

Konstante: Argonverbrauch 6 Ltr/min, Stahlblech 1,0 auf
1,0 mm, Elektrodenabstand 2,0 mm

Die zugeführte Energie wurde hierbei rechnerisch ermittelt. Die Abbildung läßt erkennen, daß bei hoher Stromstärke und geringer Schweißzeit größere Festigkeiten pro Punkt erzielt werden als bei kleiner Stromstärke und langer Schweißzeit. Ist nämlich die Stromstärke klein, so ist die zugeführte Wärme nicht ausreichend, die Bleche aufzuschmelzen. Eine Abhilfe durch längere Schweißzeiten ist hierbei zwecklos, weil infolge der Wärmeleitfähigkeit der Werkstücke die Wärmezufuhr pro Zeiteinheit nicht ausreichend ist. Wirkungsvoll ist deshalb eine Erhöhung des Schweißstromes, wodurch eine größere Wärmekonzentration, d.h. größere Wärmezufuhr pro Zeiteinheit verursacht wird.

Als Ergebnis dieser Versuchsreihen sind nachstehend die Optimalwerte für die einzelnen Stahlblecharten und Stahlblechstärken in Abhängigkeit von Schweißstromstärke und Schweißzeit angegeben.

Blechart	Stärke (mm)	Stromstärke (Amp)	Schweißzeit (s)	Scherzugfestigkeit (kg/Punkt)
St III 23	0,5	135	1,0	250*)
	1,0	240	1,25	430
	1,5	225	3,0	560
	2,0	340	4,5	790
St VII 23	0,62	220	1,0	340 bis 250
	0,75	230	1,0	335 bis 285
	0,88	250	1,2	475 bis 390
	1,0	250	1,0	520 bis 410
	1,2	250	1,0	590 bis 330
St VIII 23	0,5	100	1,0	200 bis 300
	0,75	160	1,5	400 bis 450
	1,0	200	1,5	500 bis 650
	1,5	200	2,5	600 bis 750
	2,0	200	4,0	650 bis 850

*) Mittelwerte; Streubereich = ± 20 %

Die graphische Auswertung vorstehender Werte veranschaulicht die Abbildung 12, die die Optimalwerte für die untersuchten Stahlqualitäten enthält. Vergleichend sind zusätzlich die Werte von Widerstandspunktschweißungen von unlegierten Tiefziehblechen eingetragen, wie sie in der Messerschmidt-Norm "Me N 11 512" als Mindestwerte gefordert werden. Die in den Versuchsreihen erzielten Festigkeitswerte sind bei der Qualität St VIII 23 im Bereich mittlerer Blechstärke größer als bei den beiden anderen untersuchten Qualitäten. Die bei den Versuchen erzielten Festigkeitswerte an 2 mm starken

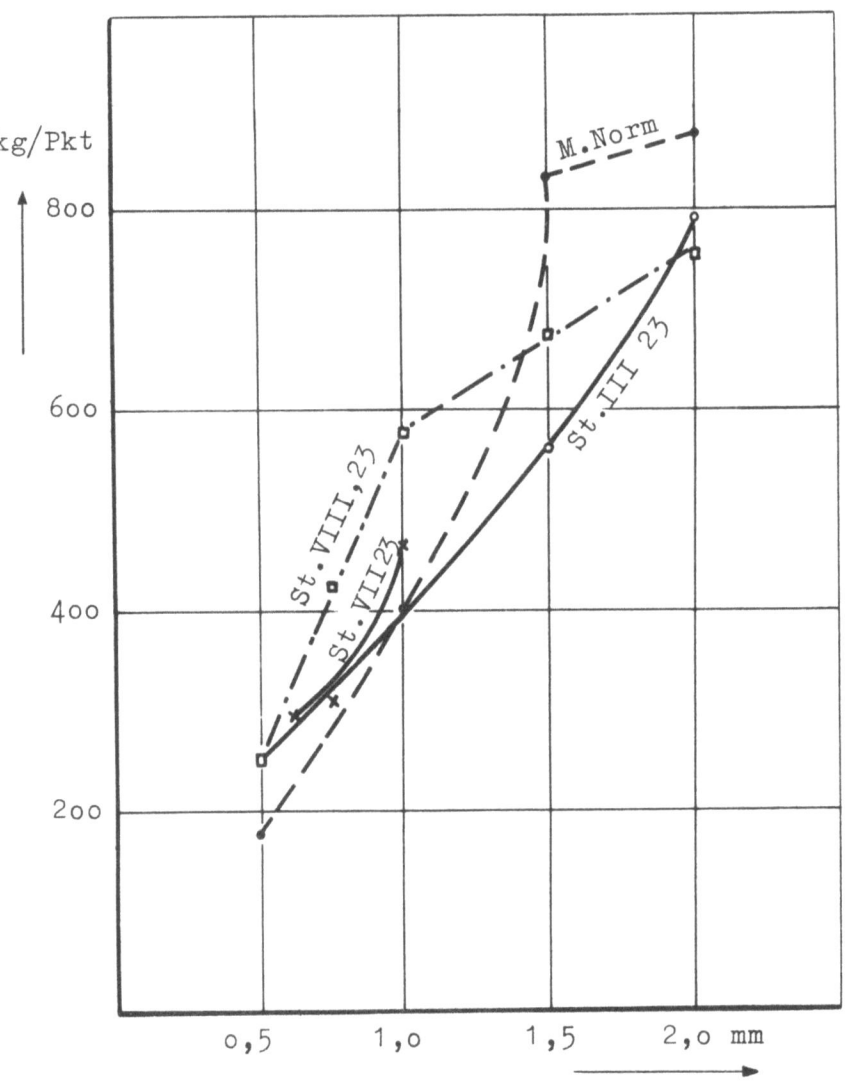

Abbildung 12
Scherzugfestigkeit des Schweißpunktes in Abhängigkeit
von Stahlqualität und Blechstärke

Blechen erreichen nicht die in der Messerschmidt-Norm für Widerstandspunktschweißungen gleicher Blechstärken verlangten Mindestwerte.

4.14 Einfluß der Elektrodentypen (Elektrodenwerkstoff)

Zur Zeit sind für die HW 8-Pistole zwei Elektrodentypen auf dem Markt: Reine Wolfram-Elektroden und mit Thoriumoxyd legierte Wolfram-Elektroden. Die hier durchgeführten Punktschweißversuche an St III 23 wurden vergleichend mit beiden Elektrodentypen durchgeführt, während die Punktungen an Tiefziehblechen nur mit reinen Wolfram-Elektroden vorgenommen wurden. Bei der Großzahl der Versuchsreihen zeigte sich eindeutig, daß die Festigkeitseigenschaften der Punktschweißstellen unabhängig von dem Elektrodentyp sind.

Entscheidend für die Verwendung von thoriumlegierten Wolfram-Elektroden sind die bei unlegierten Wolfram-Elektroden auftretenden Abbrandverluste. Ein Teil der Elktrodenspitze verdampft infolge hoher Wärmekonzentration, ein Teil der Elektrode schmilzt ab und tropft in die Schweiße. Auf Grund dieses Umstandes muß die Elektrode häufig nachgestellt werden, um möglichst gleiche Versuchsbedingungen zu gewährleisten. Diese Nachstellung der Elektrode auf den für Stahlblech günstig ermittelten Wert von 2,o mm machte sich bei den Versuchen unangenehm bemerkbar, da sie soviel Zeit benötigte, daß die Elektrode infolge Erkaltens Zündschwierigkeiten ergab. Diese Erscheinung wurde bei thoriumlegierten Wolfram-Elektroden wegen der äußerst minimalen Abbrandverluste nicht beobachtet.

Nachstehende Tabelle enthält Zahlenwerte über Abbrand von reinen Wolfram-Elektroden, die beim Punkten von Stahlblechen der Qualität St III 23 gemessen wurden.

Schweißstrom (A)	Schweißzeit (s)	Elektrodenabstand (mm)	Anzahl der Punkte	Elektrodenabbrand
122	1,o	2,o	1o	o
245	1,5	2,o	1o	o,05
24o	2,5	2,o	1o	o,o7
265	4,5	2,o	1o	o,1

Bei vorstehenden Strom- und Zeitbereichen konnten bei thoriumlegierten Elektroden keine Abbrandverluste gemessen werden.

Ferner spricht für die Verwendung von thoriumlegierten Wolfram-Elektroden die bessere Lichtbogenstabilität. Letztere setzt eine bestimmte Stromdichte voraus. Ist diese zu klein, so wird die Elektrodenspitze nicht genügend flüssig. Der Lichtbogen brennt unruhig und wandert. Eine mögliche Gegenmaßnahme ist das Anspitzen der Wolfram-Elektrode ähnlich einem Bleistiftende, wodurch bei gleichbleibender Schweißstromstärke eine ausreichende Stromdichte am Elektrodenende erreicht wird.

Bei der Wechselstromschweißung erwies sich noch ferner ein zweiter Effekt als nachteilig. Das Elektrodenende formt sich im schmelzflüssigen Zustand auf Grund der Oberflächenspannung zu einer Kugel. Hierdurch ändern sich die Schweißdaten (größere Lichtbogenlänge, großflächigeres Elektrodenende), so daß sich eine geringere Eindringtiefe des Schweißpunktes einstellt. Über dies besteht hierbei die Gefahr, daß infolge ungenügender Oberflächenspannung das Elektrodenende in das Schweißbad abtropft.

Diese unangenehmen Erscheinungen wurden bei reinen Wolfram-Elektroden häufig beobachtet, während bei thoriumlegierten Wolfram-Elektroden diese Vorgänge nicht auftraten. Beide Elektrodentypen unterscheiden sich durch verschiedenes Aussehen des Elektrodenendes nach dem Schweißen. Die Wolfram-Elektrode weist eine Kugelform auf, die thoriumlegierte Elektrode hingegen eine bizarre Elektrodenspitze.

4.15 Einfluß der unterschiedlichen Stärke von Ober- und Unterblech

Grundsätzlich lassen sich mit Hilfe der Argonarc-Punktschweißung bis zu 2 mm starke Stahlbleche auf dickere Unterlagen aufschweißen. Es zeigt sich jedoch, daß die Festigkeitsverhältnisse hierbei anders liegen als beim Punkten gleicher Blechdicken. Die empirisch gewonnenen optimalen Werte beim Punkten unterschiedlicher Blechstärken enthält nachstehende Tabelle:

Oberblech (mm)	Unterblech (mm)	Schweiß-strom (A)	Schweiß-zeit (s)	mittlere Festigkeit in kg/Schweißpunkt	
				Wolfram-Elektrode	thoriumlegierte Wolframelektrode
1,0	1,0	240	1,25	450	430
1,0	1,5	225	2,5	600	550
1,0	2,0	240	2,5	600	575
1,0	2,5	225	3,0	475	400

In Abbildung 13 sind die für Stahlblech von 1 mm Stärke ermittelten Festigkeitswerte in Abhängigkeit von der Blechstärke des Unterbleches eingetragen. Es ergibt sich ein Optimum bei einer Stärke des Unterbleches von 1,5 bis 2 mm. Eine gleiche Tendenz ergab sich bei einer zweiten Versuchsreihe, bei der die Stärke des Oberbleches 1,5 mm betrug, wie dieses in Abbildung 14 zu ersehen ist. Es ist anzunehmen, daß mit zunehmender Unterlage die zur Punktung und zur guten Durchschweißung notwendige Wärmekonzentration nicht erreicht werden kann. Größere Schweißströme sind nicht möglich, weil die Oberbleche durchschmelzen würden, bevor die zur Verbindung notwendige

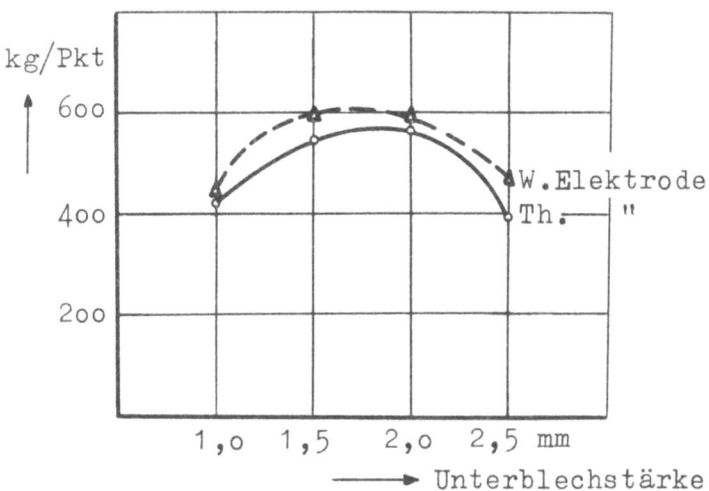

Abbildung 13

Scherzugfestigkeit des Schweißpunktes in Abhängigkeit von der Stärke des Unterbleches bei 1 mm starkem Oberblech (Stahl)

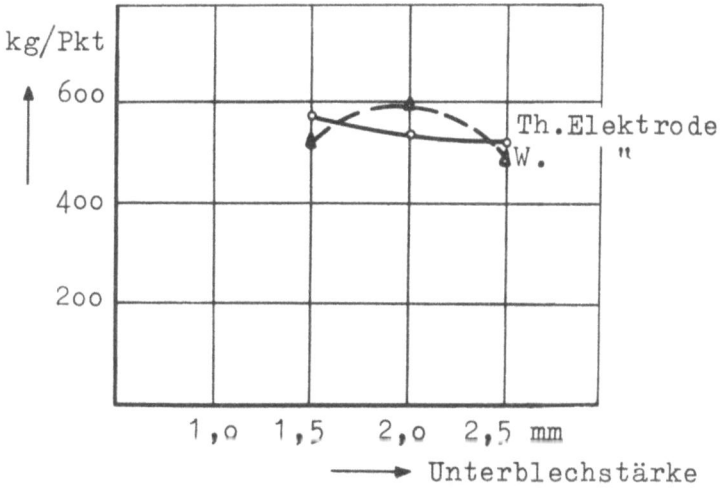

Abbildung 14

Scherzugfestigkeit des Schweißpunktes in Abhängigkeit von der Stärke des Unterbleches bei 1,5 mm starkem Oberblech (Stahl)

Anschmelzung des Unterbleches erreicht wäre. Dieselbe Erscheinung zeigt sich bei Erhöhung der Schweißzeiten anstelle des Schweißstromes.

4.16 Metallographische Untersuchungen

Nachfolgend sind verschiedene Makro- und Mikroschliffe vom Schweißpunkten im Bilde wiedergegeben. Die Aufnahmen lassen einen Rückschluß auf die Qualität des Schweißpunktes zu, geben zum Teil Schweißfehler wieder und halten die durch die Schweißung erfolgte Gefügeumwandlung fest. Die Abbildungen werden kurz erläutert.

In Abbildung 15 zeigt der Makroschliff des Schweißpunktes ein ausreichendes Durchschweißen. Der Aufschmelzkegel reicht bis an den unteren Rand des Unterbleches. Das Schweißgefüge hat eine feinkörnige Widmannstättensche Struktur. Die Walzrichtung des Grundmaterials ist deutlich zu erkennen. Die erzielte Festigkeit beim Scherzugversuch ergab 490 bis 560 kg pro Schweißpunkt.

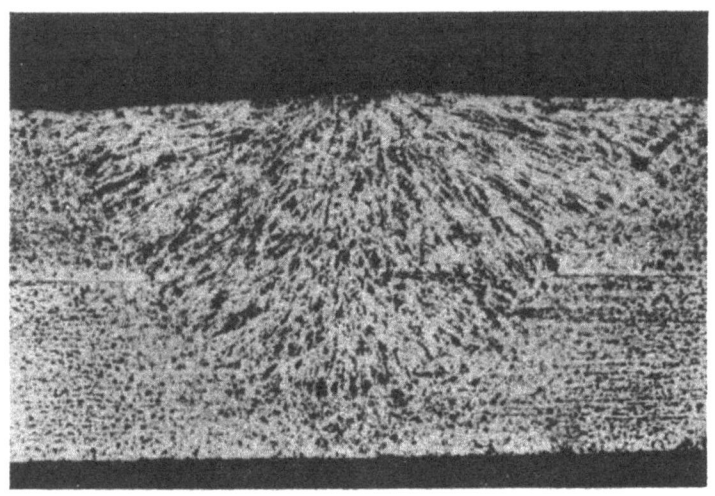

Abbildung 15
Makroschliff einer Punktstelle V = 10 x
Tiefziehblech St VII 23, Stromart: Wechselstrom, Stromstärke: 175 A,
Schweißzeit: 2 s, Ätzung: Alkohol.HNO_3, 3%ig

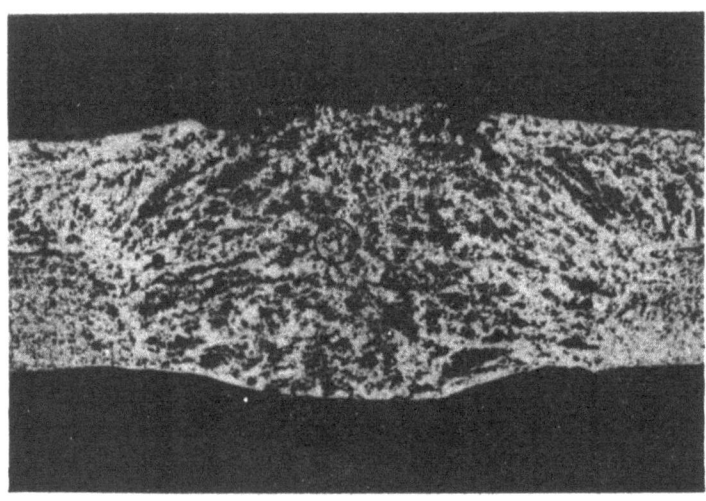

Abbildung 16
Makroschliff einer Punktstelle V = 10 x
Tiefziehblech St VII 23, Stromart: Wechselstrom, Stromstärke: 230 A,
Schweißzeit: 1 s, Ätzung: Alkohol.HNO_3, 3%ig

Die Abbildung 16 veranschaulicht im Makroschliff eine Schweißpunktstelle mit zu starker Aufschmelzung. Im Übergang vom Oberblech zum Unterblech ist eine Einengung der Aufschmelzung zu erkennen, die auf vorhandenen Luftspalt zurückzuführen ist. Das Gefüge weist auch hier Widmannstättensche Struktur auf.

Der Makroschliff in Abbildung 17 läßt wiederum einen ausgeprägt dendritischen Gefügebau der Schmelzzone erkennen. Die Wachstumsrichtung dieser stengeligen Kristalle verläuft von den Rändern der Schweißlinse zur Punktmitte

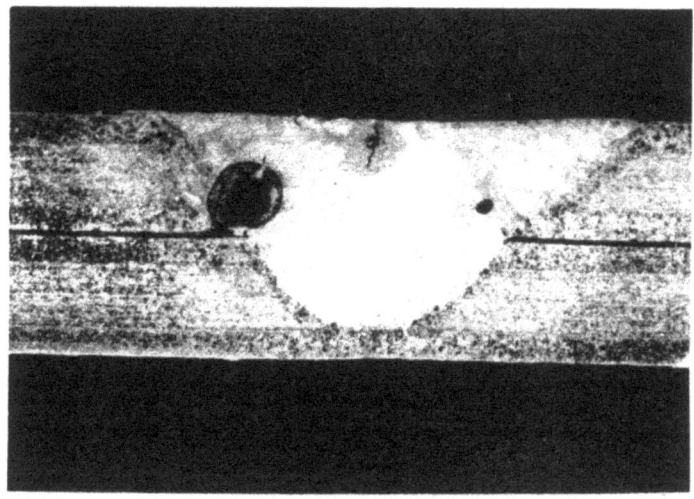

Abbildung 17
Makroschliff einer Punktstelle V = 7,5 x
Stahlblech St III 23, Stromart: Wechselstrom, Stromstärke: 328 A,
Schweißzeit: 2,5 s, Ätzung: Alkohol.HNO$_3$, 3%ig

Abbildung 18
Mikroschliff von Abbildung 17 V = 200 x
Ätzung: Alkohol.HNO$_3$, 3%ig; Grundgefüge des Oberbleches

hin. Die wärmebeeinflußte Zone ist durch unterschiedliche Ätztönung gut zu erkennen. Das Oberblech weist einen Spannungsriß auf.

Die Abbildung 18 gibt einen Mikroschliff des Grundgefüges vom Oberblech der Punktschweißstelle der Abbildung 17 wieder. Das Grundgefüge des Unterbleches weist gleichen Aufbau auf. Der Mikroschliff läßt zeilenförmig angeordnete Verunreinigungen und verstreut liegende Schlackeneinschlüsse erkennen.

Die Übergangszone in Abbildung 19 ist durch geringes Kornwachstum charakterisiert. Zum Schweißpunkt hin ist ein Übergang zu gröberem Korn festzu-

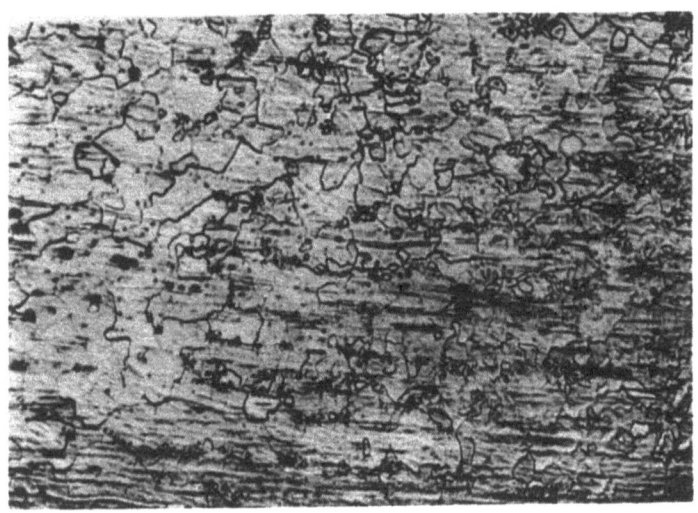

A b b i l d u n g 19
Mikroschliff von Abbildung 17 V = 2oo x
Ätzung: Alkohol.HNO_3, 3%ig; Übergangszone

A b b i l d u n g 2o
Mikroschliff von Abbildung 17 V = 2oo x
Ätzung: Alkohol.HNO_3, 3%ig; Wärmeeinfluß- und Schmelzzone

stellen. Der Mikroschliff läßt Schlackeneinschlüsse und eine örtliche Zeilenstruktur erkennen.

Der Makroschliff in Abbildung 21 gibt eine Punktschweißstelle wieder, bei der eine nahezu ungehinderte Wärmeübertragung vom Oberblech zum Unterblech (ähnlich der Abb. 15) stattgefunden hat. Die im Schliff rechts sichtbare Gasblase und die in der Schweißlinse links vorhandenen Risse sind ohne Einfluß auf die Festigkeit der Punktstelle.

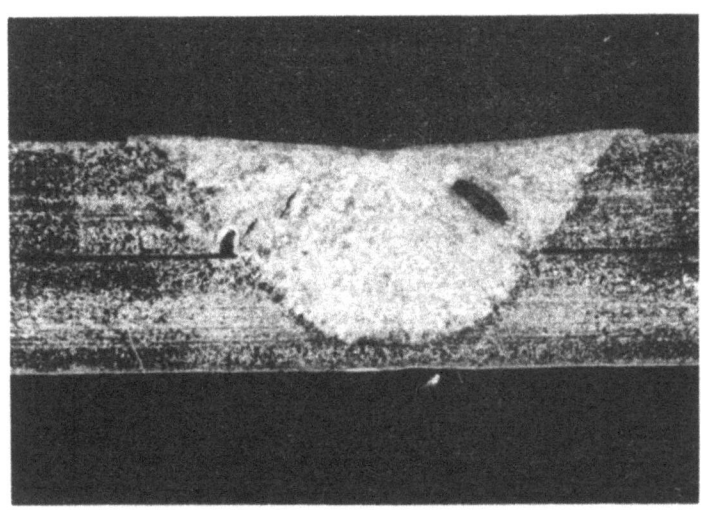

A b b i l d u n g 21
Makroschliff einer Punktschweißstelle V = 7,5 x
Stahlblech St III 23, Stromart: Wechselstrom, Stromstärke: 272 A,
Schweißzeit: 2,5 s, thoriumlegierte Wolframelektrode,
Ätzung: Alkohol.HNO_3, 3%ig

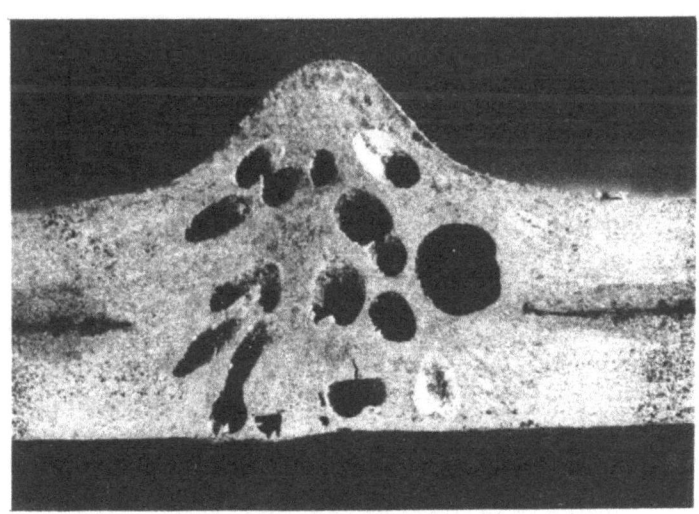

A b b i l d u n g 22
Makroschliff einer Punktschweißstelle V = 1o x
Stahlblech St III 23, Stromart: Wechselstrom, Stromstärke: 25o A,
Schweißzeit: 3 s, reine Wolframelektrode, Ätzung: Alkohol.HNO_3, 3%ig

In Abbildung 22 ist eine typische Fehlschweißung festgehalten. Der Schweißpunkt ist infolge von Gaseinschlüssen stark aufgeblasen. Außerdem ist im Schliff zu erkennen, daß der Wärmeübergang vom Oberblech zum Unterblech gehemmt war (Einschnürung des Schweißpunktes), was im vorliegenden Falle auf starke Verrostung der Blechoberfläche zurückzuführen ist.

4.2 Untersuchungen an Reinaluminiumblechen

4.20 Allgemeines über Schweißungen von Aluminium

Der Vorteil des Argonarc-Schweißens von Aluminium ist in erster Linie darin zu sehen, daß ohne Flußmittel geschweißt werden kann. Das schmelzflüssige Metall wird durch das inerte Gas vor Oxydation geschützt. Es entfält dadurch einmal das Entfernen der Flußmittelreste und zum anderen die Gefahr von schädlichen Flußmittel-Einschlüssen in der Schmelze. Nachteilig beim Punkten von Aluminium ist vor allem die größere Wärmeleitfähigkeit gegenüber Eisenwerkstoffen, die in Verbindung mit dem größeren Wärmeausdehnungskoeffizienten leicht zu Spannungen und Verwerfungen führen kann. Trotz des niedrigen Schmelzpunktes (658 ^{o}C bei Reinaluminium) muß beim Schweißen von Aluminium eine hohe Wärmezufuhr erfolgen.

4.21 Einfluß der Oberflächenbeschaffenheit der Bleche

Das schützende Gas verhindert während des Schweißvorganges die Bildung einer Oxydhaut, die durch die Charakteristik des Lichtbogens (Elektronenaustritt aus dem Werkstück) zerstört wird. Im Gegensatz zum Stahlblech macht sich beim Argonarc-Punktschweißen von Aluminiumblechen eine Bearbeitung der Blechoberfläche auf die erzielbare Scherzugfestigkeit bemerkbar, wenn auch durch kein Oberflächenbearbeitungsverfahren eine sofortige Neubildung der Oxydschicht verhindert wird. Laut Angaben im Aluminiumtaschenbuch beträgt die Stärke der ausgebildeten natürlichen Oxydhaut 0,004 μ. Die nachfolgende Tabelle veranschaulicht den Einfluß der verschiedenen Oberflächenbearbeitungsverfahren auf die Scherzugfestigkeit. Jedes Verfahren wurde durch Versuchsschweißungen untersucht, und zwar durch eine Versuchsreihe mit nur behandeltem Oberblech und durch eine weitere Versuchsreihe mit behandeltem Ober- und Unterblech. Jeder Versuchswert ist ein Mittelwert von 6 Schweißungen. Die maximalen Abweichungen betrugen + 12 % und - 14 %.

Verfahren	Scherzugfestigkeit (kg/Punkt)
beide Bleche unbearbeitet	39
Oberblech geschmirgelt (Scheibe 240)	51
beide Bleche geschmirgelt	51
Oberblech mit Drahtbürste gebürstet	52
beide Bleche mit Drahtbürste gebürstet	51
Oberblech gebeizt (20 % NaOH; T = 70 °C; 10 Min. Beizzeit)	50
beide Bleche gebeizt (Beize wie vor)	52
Oberblech mit Benzol gereinigt	54
beide Bleche mit Benzol gereinigt	53

Bei diesen Versuchen wurden folgende Schweißbedingungen konstant gehalten: Stärke des Ober- und Unterbleches = 0,5 mm; Schweißstrom = 107 A; Schweißzeit = 2,0 s; Argonmenge = 6 Ltr/min; Elektrodenabstand = 2,5 mm; thoriumlegierte Wolframelektrode.

Auf Grund vorstehender Ergebnisse lassen sich folgende Schlüsse ziehen: Festigkeitsmäßig ergeben sich für die verschiedenen Bearbeitungsverfahren keine wesentlichen Unterschiede. Unbearbeitete Bleche hingegen erzielen eine um 24 % verminderte Scherzugfestigkeit. Da jedoch eine Oberflächenreinigung der Aluminiumbleche mit chemisch reinem Benzol dieselben Festigkeitswerte ergibt, wie bei den übrigen Bearbeitungsverfahren, liegt der Schluß nahe, daß es hier nicht auf die Zerstörung der Walzhaut oder der Oxydschichten ankommt, sondern daß die Bleche lediglich frei von Verunreinigungen wie Öl und Fettresten sein müssen. Außerdem geht aus den vorgenannten Versuchsreihen hervor, daß eine Oberflächenbearbeitung nur des Oberbleches ausreichend ist.

4.22 Einfluß des Elektrodenabstandes und Elektrodenabbrandes

Zwischen dem Elektrodenabstand und dem Elektrodenabbrand besteht eine gegenseitige Abhängigkeit, die in der Abbildung 23 festgehalten ist. Der Elektrodenabbrand nimmt mit zunehmendem Elektrodenabstand und steigender Stromstärke zu. Daraus ergibt sich die Forderung, den Elektrodenabstand so gering wie möglich zu halten. Auf der anderen Seite jedoch muß der Elektrodenabstand beim Schweißen von Aluminium ein Mindestmaß haben, da sonst

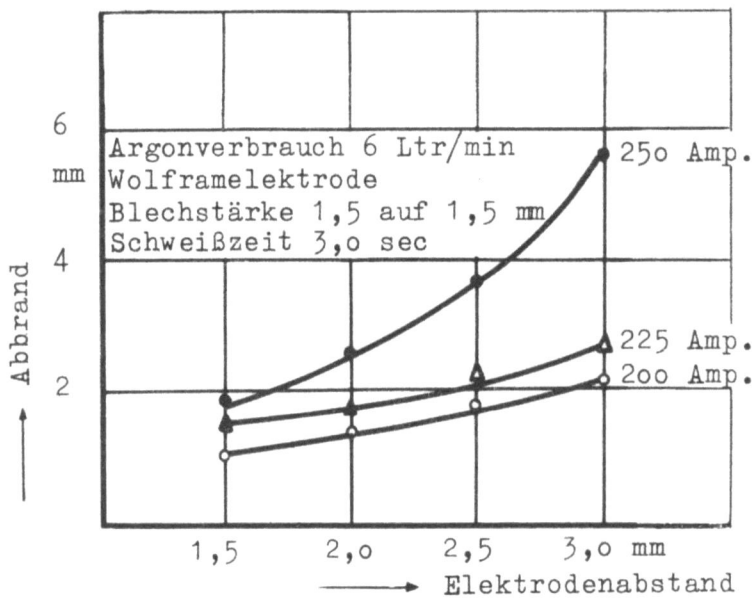

Abbildung 23

Elektrodenabbrand in Abhängigkeit von der Lichtbogenlänge
bei verschiedenen Stromstärken

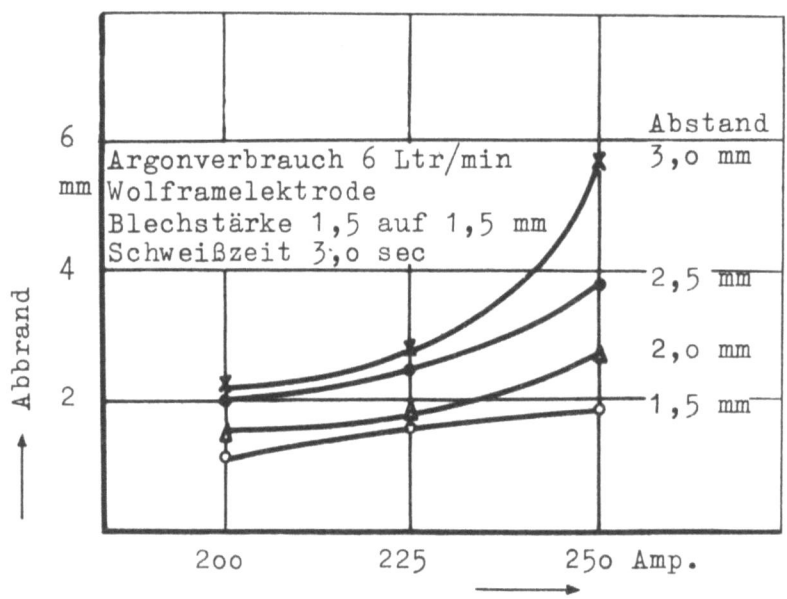

Abbildung 24

Elektrodenabbrand in Abhängigkeit von der Schweißstromstärke
bei verschiedenen Elektrodenabständen

im Gegensatz zur Stahlschweißung Spritzer der Schmelze die Elektrode verunreinigen. Experimentell ergab sich hieraus ein Elektrodenabstand von 2,5 mm

In Abbildung 24 ist der Elektrodenabbrand in Abhängigkeit von der Stromstärke aufgetragen; Parameter ist der Elektrodenabstand. Die bei diesen Versuchsreihen konstant gehaltenen Schweißbedingungen sind in den beiden Abbildungen angegeben. Die Abhängigkeit des Elektrodenabbrandes von Stromstärke und Schweißzeit zeigt Abbildung 25.

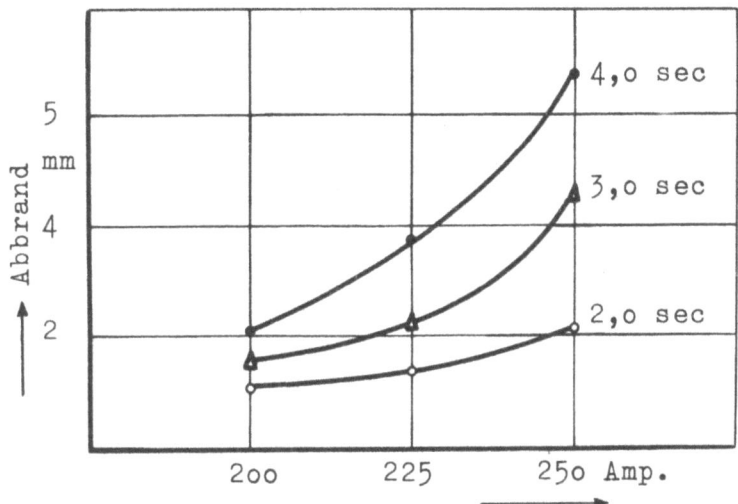

A b b i l d u n g 25

Elektrodenabbrand in Abhängigkeit von der Schweißstromstärke
bei verschiedenen Schweißzeiten

Eine Gegenüberstellung des Abbrandes einmal von reinen Wolframelektroden und zum anderen von thoriumlegierten Wolframelektroden enthält nachstehende Tabelle:

Stromstärke (A)	Schweiß- zeit (s)	Punktzahl	Wolfram- elektrode (mm)	thoriumlegierte Wolframelektrode (mm)
217	2	10	1,1	0,03
217	3	10	1,6	0,05
217	4	10	2,1	0,1
245	2	10	1,3	0,05
245	3	10	2,3	0,15
245	4	10	3,8	0,4
272	2	10	2,1	0
272	3	10	4,60	0
272	4	10	6,8	0,2

Bei diesen Versuchen wurden folgende Schweißbedingungen konstant gehalten:
Elektrodenabstand = 2,5 mm; Argonmenge = 6 Ltr/min
Blechstärke von Ober- und Unterblech = 1,5 mm
Oberfläche geschmirgelt.

Die geringsten Abbrandverluste beim Argonarc-Punktschweißen von Aluminiumblechen treten demzufolge eindeutig bei der Verwendung von thoriumlegierten Wolframelektroden auf.

4.23 Einfluß der Argonmenge

Experimentell erwies sich eine Argonmenge von 6 Ltr/min als Optimum. Bei dieser Menge ließ sich der Lichtbogen leicht zünden und brannte sehr stabil. Überdies wurde bei gleicher Argonmenge eine optimale Scherzugfestigkeit pro Punkt erreicht, wie dieses aus der Abbildung 26 hervorgeht, in dem die mittlere Scherzugfestigkeit in Abhängigkeit vom Argonverbrauch

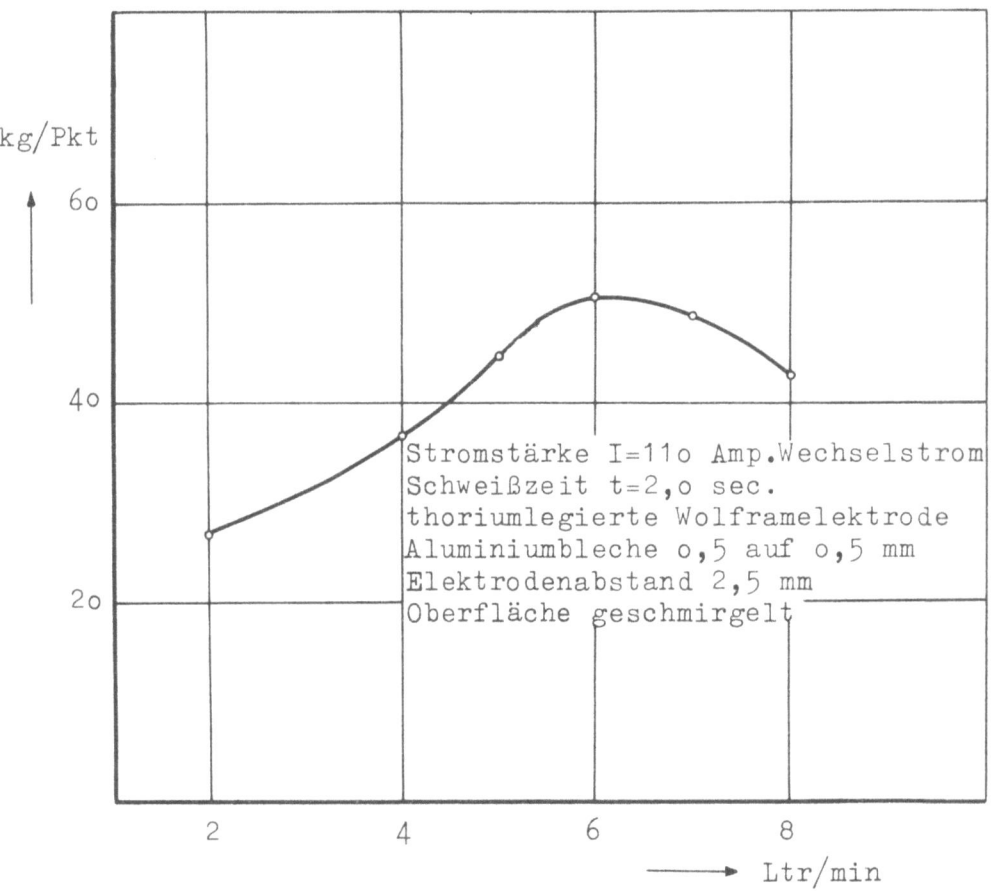

A b b i l d u n g   26
Scherzugfestigkeit des Schweißpunktes in Abhängigkeit
von der Argonmenge (Ltr/min)

aufgetragen ist. Die übrigen Schweißbedingungen sind in der Abbildung 26 angegeben.

4.24 Einfluß der Nachströmzeit des Schutzgases

Auch hier gelten die gleichen Gesichtspunkte wie bei der Stahlschweißung (s. 3.33). Die Nachströmzeit wurde einheitlich für alle Versuchsschweißungen auf 15 Sekunden eingestellt. Die Schweißpunktfolge wurde auch bei den Aluminiumblechen durch die Nachströmzeit bestimmt, d.h. die nächste Punktung wurde nach beendeter Nachströmzeit vorgenommen. Hierdurch wurden weitgehend in dieser Hinsicht die Schweißbedingungen konstant gehalten. Bezüglich des zu schweißenden Werkstoffes macht sich kein direkter Einfluß der Argon-Nachströmzeit bemerkbar. Infolge der schnellen Abkühlung durch die hohe Wärmeleitfähigkeit des Aluminiums ist bei bedeutend kürzerer Nachströmzeit noch ausreichende Schutzwirkung gewährleistet.

4.25 Einfluß der Schweißstromstärke und der Schweißzeit

An Aluminiumblechen sind Schweißungen mit dem Argonarc-Lichtbogen-Punktschweißverfahren nur in einem verhältnismäßig geringen Variationsbereich von Stromstärke und Schweißzeit möglich. Bei zu großer Stromstärke z.B. treten Verbrennungen auf; ist hingegen die Schweißstromstärke zu gering, kommt keine Verschweißung zustande. Innerhalb der möglichen Variationsbereiche sind immer die höheren Werte anzustreben, da sie stets eine Verbesserung der Festigkeit bewirken. In der Abbildung 27 sind die erzielten Festigkeitswerte für drei verschiedene Blechstärken und beide Elektrodentypen aufgetragen. Die zugehörenden Strom- und Zeitwerte sind in nachstehender Tabelle enthalten:

Blechstärke (mm)	Wolframelektroden		thoriumleg. Wolframelektrode	
	Stromstärke (A)	Schweißzeit (s)	Stromstärke (A)	Schweißzeit (s)
0,5	107	3	107	3
1,0	163	2	185	1
1,5	272	4	272	4

Beim Punkten dünner Aluminiumbleche ergab sich, daß bei ganz kurzen Schweißzeiten im Oberblech ein Loch einbrannte, so daß keine Verbindung

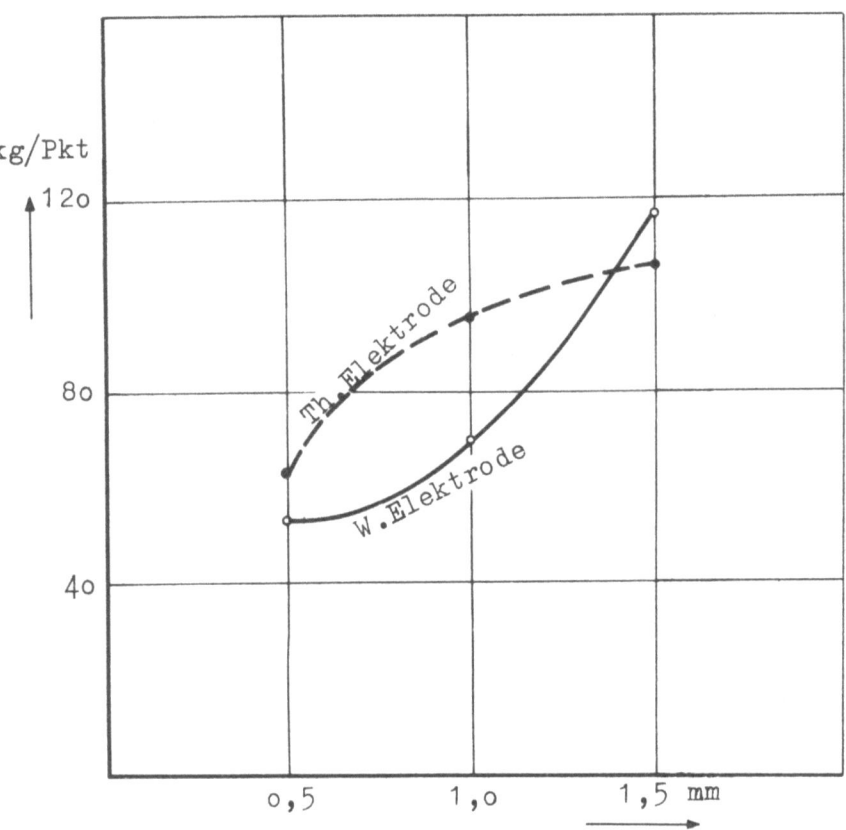

Abbildung 27

Scherzugfestigkeit des Schweißpunktes in Abhängigkeit
von der Blechstärke bei beiden Elektrodentypen

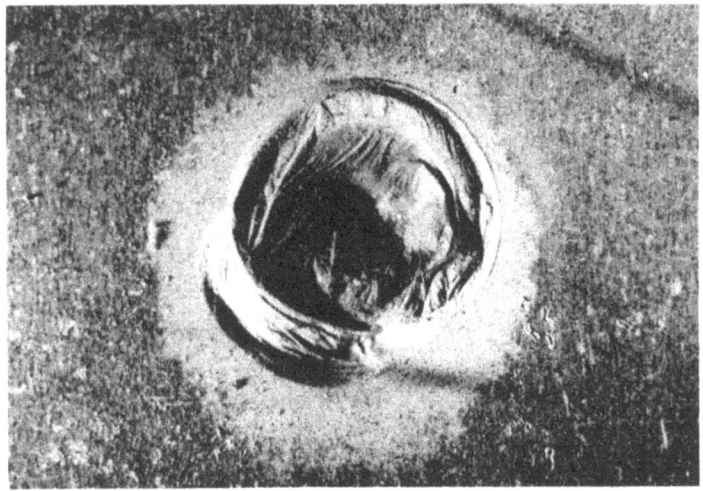

Abbildung 28

Punktschweißstelle an Aluminiumblech (Aufsicht)
Stromart: Wechselstrom, Schweißstromstärke: 180 A,
Schweißzeit: 0,5 s

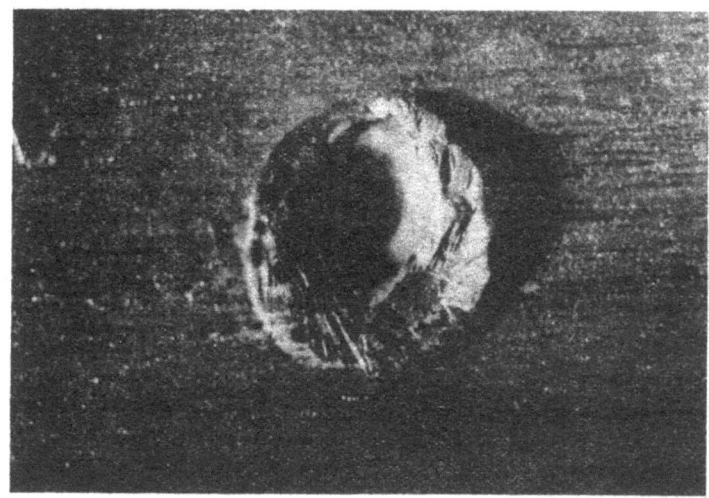

Abbildung 29
Punktschweißstelle an Aluminiumblech (Aufsicht)
Stromart: Wechselstrom, Schweißstromstärke: 180 A, Schweißzeit: 1 s

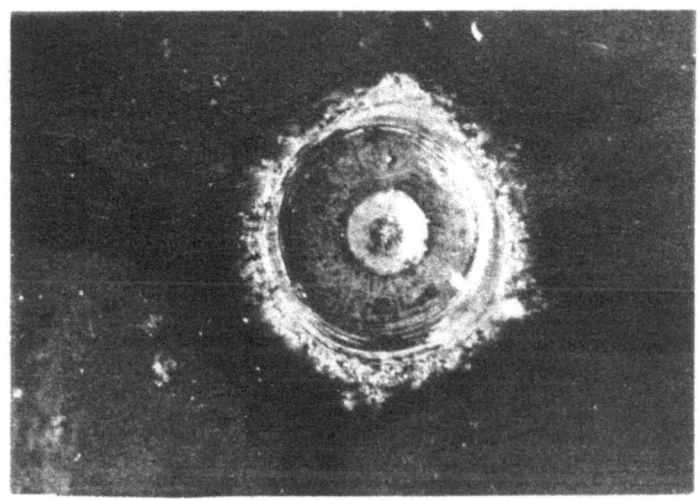

Abbildung 30
Punktschweißstelle an Aluminiumblech (Aufsicht)
Stromart: Wechselstrom, Schweißstromstärke: 180 A, Schweißzeit: 1,5 s

zwischen beiden Blechen entstand. Naheliegend war, Stromstärke oder Schweißzeit herabzusetzen. Dieses führte jedoch nicht zum Erfolg. Experimentell ergab sich vielmehr, daß hingegen bei Erhöhung der Schweißzeit eine Punktung zustande kam. Die Erklärung ist folgende:

Beim Punkten entsteht zuerst im Oberblech ein Loch. Durch Zufuhr weiterer Wärmemengen (längere Schweißzeit) wird das Unterblech angeschmolzen und infolge der Lichtbogencharakteristik die Oxydhaut zerstört, so daß das Material anschließend zusammenfließen kann, wodurch die Punktung zustande kommt (eine Parallele zu diesen Vorgängen ist im Lochschmelzpunktschweißen zu sehen).

Der vorgeschriebene Vorgang ist in den vorstehenden Abbildungen 28 bis 30 festgehalten. Bei den dargestellten Punktungen wurde von Aufnahme zu Aufnahme bei gleicher Schweißstromstärke die Schweißzeit erhöht.

4.26 Einfluß der Elektrodentype

Es wurde bereits hervorgehoben, daß die Verwendung von thoriumlegierten Wolframelektroden wegen ihres wesentlich geringeren Abbrandes in schweißtechnischer und fertigungstechnischer Hinsicht gegenüber reinen Wolframelektroden vorteilhafter ist. Es kommt noch hinzu, daß thoriumlegierte Elektroden leichter zünden und einen stabileren Lichtbogen ergeben.

4.27 Einfluß der Blechstärke

Die Aluminiumbleche lassen sich mit zunehmender Blechstärke besser punkten, wobei allerdings bei 1,5 mm Blechstärke schon die obere Grenze der

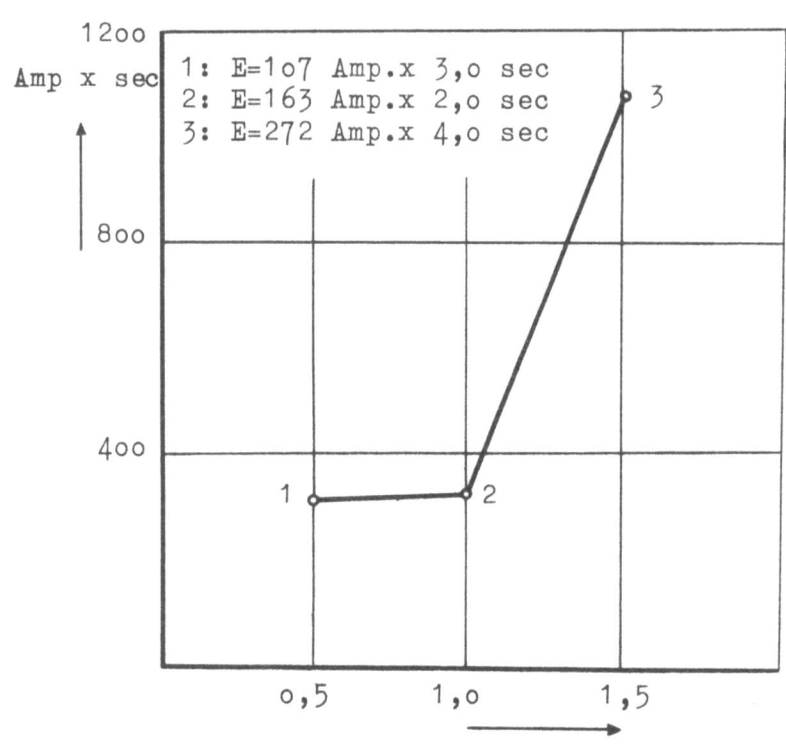

Abbildung 31

Zugeführte Energie für einen Schweißpunkt in Abhängigkeit von der Blechstärke. Optimalwerte einzelner Versuchsreihen

Möglichkeit des Punktens liegt. Mit der Angabe "besser punkten" ist hier gemeint: Die stärkeren Bleche sind unempfindlicher gegen Erhöhung von Schweißstrom und Schweißzeit. Die Folge hiervon ist, daß bei den stärkeren Blechen weniger Fehlschweißungen auftreten.

Die Abhängigkeit der zugeführten Energie pro Schweißpunkt von der Blechstärke veranschaulicht die Abbildung 31. Die Energie ist hier wiederum das Produkt aus Stromstärke und Schweißzeit. In der Abbildung sind die in den Versuchen erzielten Optimalwerte eingetragen. Ein Vergleich mit den Ergebnissen bei der Stahlblechschweißung läßt erkennen, daß bei gleichen Blechdicken für das Punkten von Aluminiumblechen wesentlich größere Wärmemengen benötigt werden. Der Grund hierfür liegt in der vier bis fünfmal größeren Wärmeleitfähigkeit des Aluminiums gegenüber Stahl.

4.28 Einfluß der unterschiedlichen Stärke von Oberblech und Unterblech

Beim Punkten ungleicher Blechstärken sind im Gegensatz zur Stahlschweißung bei Aluminiumblechen erhebliche Schwierigkeiten zu überwinden. Der Grund hierfür liegt in der guten Wärmeleitfähigkeit des Aluminiums. Die zugeführte Wärme wird vom Unterblech zu schnell abgeführt, so daß nur schwer ein örtliches Aufschmelzen zustande kommt. Hier führten nur solche Punktungen zum Erfolg, bei denen das Unterblech auf eine ausreichende Temperatur vorgewärmt wurde. Bei den Versuchsreihen wurden die Schweißproben im elektrischen Ofen auf 450 °C erwärmt. Beim Punkten selber wurde eine Unterlage aus nicht rostendem Stahl verwendet, der als schlechter Wärmeleiter bekannt ist. Es gelang so 0,5 mm und 1 mm starke Oberbleche auf ein Unterblech von 1,5 mm Stärke aufzupunkten.

4.29 Metallographische Untersuchungen

Die nachfolgenden Makroschliffe veranschaulichen auftretende Schwierigkeiten beim Argonarc-Lichtbogenpunktschweißen von Aluminium. An Hand mehrerer Beispiele sind markante Fehler im Bilde festgehalten.

Die Abbildungen 32 und 33 lassen in dem Schweißgut Risse erkennen, die relativ geringe Scherzugfestigkeit zur Folge haben. Es wurde schon darauf hingewiesen, daß gerade bei den 0,5 mm starken Aluminiumblechen auffallend viele Fehlschweißungen auftraten. Die Ursache hierfür sind häufig Wärmerisse, wie sie in den beiden nachstehenden Abbildungen zu sehen sind.

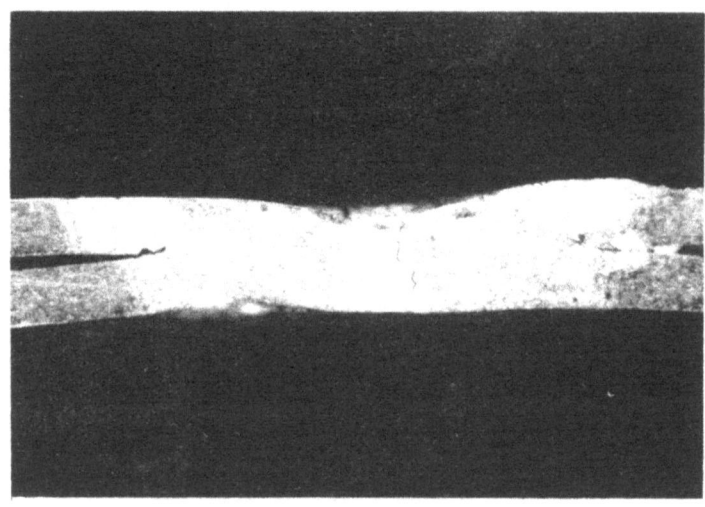

Abbildung 32

Makroschliff einer Punktschweißstelle V = ~15 x

Aluminiumblech 0,5 mm, Stromart: Wechselstrom, Stromstärke: 100 A,
Schweißzeit: 2 s, Ätzung: 10%ige Natronlauge, reine Wolframelektrode

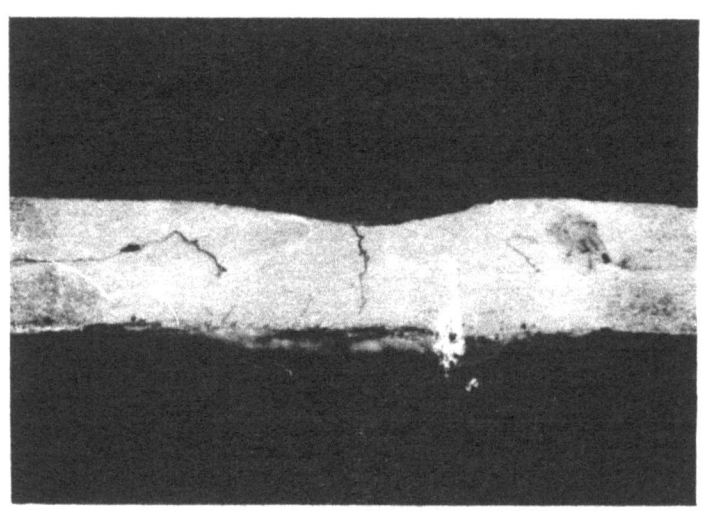

Abbildung 33

Makroschliff einer Punktschweißstelle V = ~15 x

Aluminiumblech 0,5 mm, Stromart: Wechselstrom, Stromstärke: 100 A,
Schweißzeit: 2 s, Ätzung: 10%ige Natronlauge,
thoriumlegierte Wolframelektrode

Die Abbildung 34 zeigt den Makroschliff einer einwandfreien Punktschweißung von 1,5 mm starken Aluminiumblechen, während die Abbildung 35 eine gleiche Punktung zeigt, jedoch mit Wolframeinschlüssen.

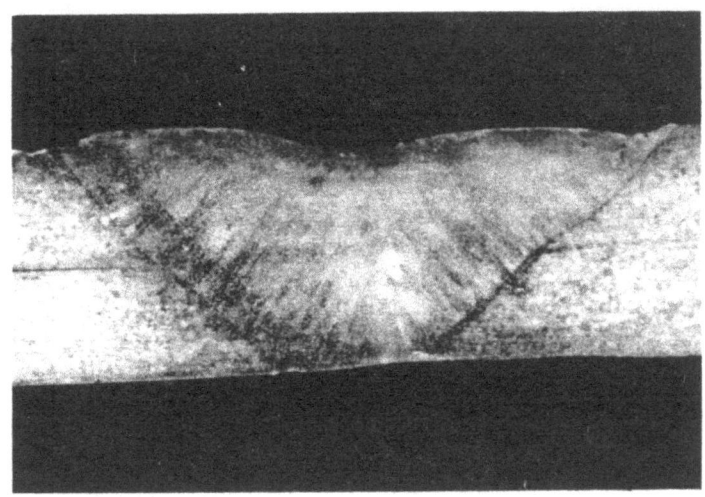

Abbildung 34

Makroschliff einer Punktschweißstelle V = ~10 x

Aluminiumblech 1,5 mm, Stromart: Wechselstrom, Stromstärke: 200 A,
Schweißzeit: 4 s, Ätzung: 10%ige Natronlauge,
thoriumlegierte Wolframelektrode, Scherzugfestigkeit: 85 kg/Punkt

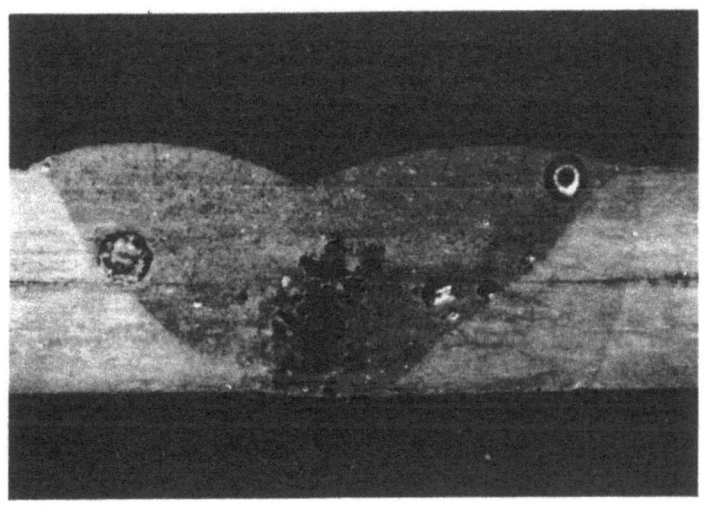

Abbildung 35

Makroschliff einer Punktschweißstelle V = ~10 x

Aluminiumblech 1,5 mm, Stromart: Wechselstrom, Stromstärke: 200 A,
Schweißzeit: 4 s, Ätzung: 10%ige Natronlauge,
reine Wolframelektrode, Scherzugfestigkeit: 70 kg/Punkt

Für die Punktstellen der beiden vorgenannten Abbildungen sind bei sonst gleichen Schweißbedingungen im ersten Fall Abbildung 34 eine thoriumlegierte Wolframelektrode und im zweiten Fall dagegen Abbildung 35 eine

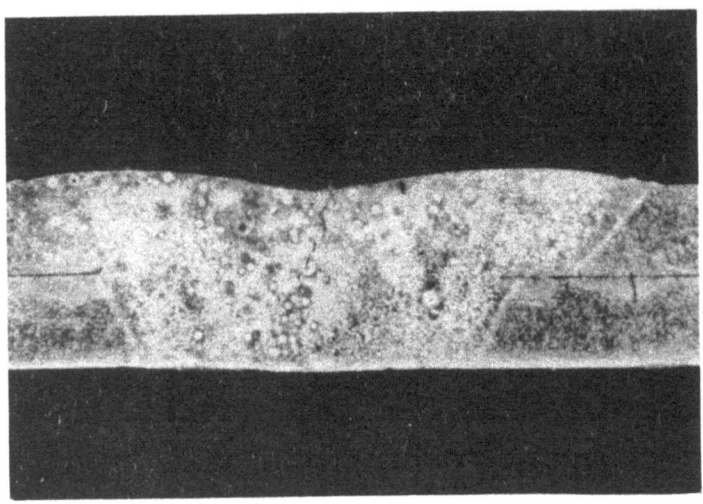

Abbildung 36

Makroschliff einer Punktschweißstelle

Aluminiumblech 1,o mm, Stromart: Wechselstrom, Stromstärke: 15o A,
Schweißzeit: 2 s, Ätzung: 1o%ige Natronlauge,
thoriumlegierte Wolframelektrode

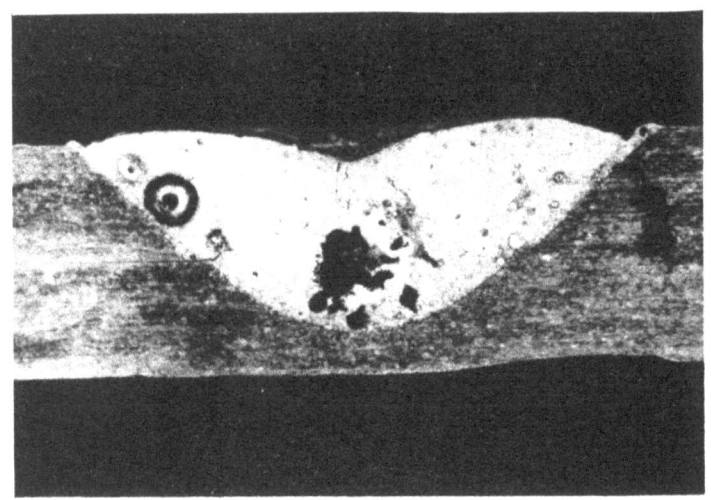

Abbildung 37

Makroschliff einer Punktschweißstelle

Aluminiumblech 1,5 mm, Stromart: Wechselstrom, Stromstärke: 225 A,
Schweißzeit: 4 s, Ätzung: 1o%ige Natronlauge,
reine Wolframelektrode

reine Wolframelektrode verwendet worden. Bemerkt sei, daß die Punktung in einem Bereich durchgeführt wurde, der mit seinen Daten für eine reine Wolframelektrode hinsichtlich Elektrodenabbrandes ungünstig ist.

Die Abbildungen 36 und 37 sind Makroschliffe von Punktschweißungen an Reinaluminiumblechen mit Wolframeinschlüssen. Je nach Stärke der Wolframeinlagerungen wird die Punktschweißstelle bezüglich ihrer Scherzugfestigkeit mehr oder weniger stark geschwächt.

4.3 Untersuchungen vorliegender Lichtbogenverhältnisse

Im Rahmen der vorliegenden Arbeit wurden die Lichtbogenverhältnisse nach schweißtechnischen Gesichtspunkten während des Zündvorganges und während des Schweißens untersucht. Es war naheliegend, hier eine Ursache für die Unbeständigkeit der Schweißergebnisse namentlich beim Punkten von Aluminium zu suchen. Die durchgeführten Untersuchungen erstreckten sich auf Auswertung von fotografischen Lichtbogenaufnahmen (Einzelaufnahmen) und von vorgenommenen Registrierungen des Strom- und Spannungsverlaufes während des Zünd- und Schweißvorganges.

Die vorgegebene Lichtbogencharakteristik ist u.a. von der verwendeten Stromart, vom Werkstoff sowie von den Abmessungen der Anode und Kathode (beim Schweißen: Elektrode und Werkstück) abhängig. Der beim Wechselstrom übliche sinusförmige Verlauf von Strom und Spannung wird durch den Schweißlichtbogen geändert.

Die Spannung steigt nach dem Nulldurchgang entsprechend der Leerlaufspannung der Schweißstromquelle bis zu einem Wert an, der in Verbindung mit gegebenenfalls vorhandener Glühemission ausreichende Jonisation

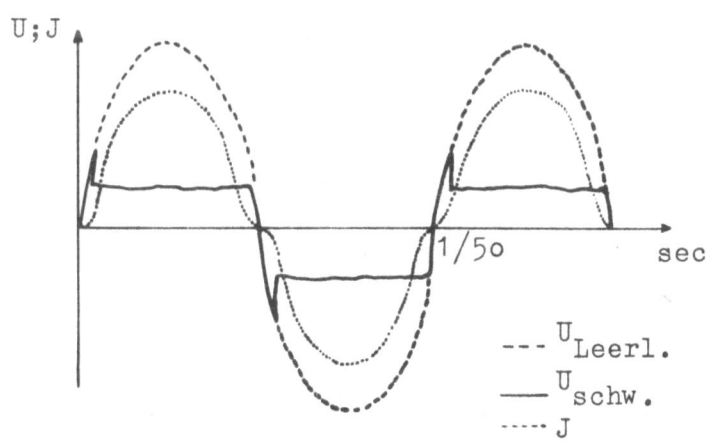

A b b i l d u n g   38
Schematische Darstellung des Strom- und Spannungsverlaufes
(gleichförmiger Lichtbogen)

(Spannungsemission) der Lichtbogenstrecke bewirkt. Der Lichtbogen zündet. Der Stromfluß erfolgt nahezu sinusförmig; die Spannung hingegen fällt über den Rest der Periode auf einen annähernd konstanten Wert ab. Der Vorgang wiederholt sich entsprechend der Frequenz des Stromes.

Während die Abbildung 38 den Strom- und Spannungsverlauf eines ideellen Lichtbogens darstellt, gibt die Abbildung 39 schematisch die Wechselbeziehung zwischen Strom und Spannung wieder, wie sich diese durch stetig vorliegende Änderungen der physikalischen Randbedingungen (u.a. Zündverhältnisse, Zündverzug) unterschiedlich ergeben.

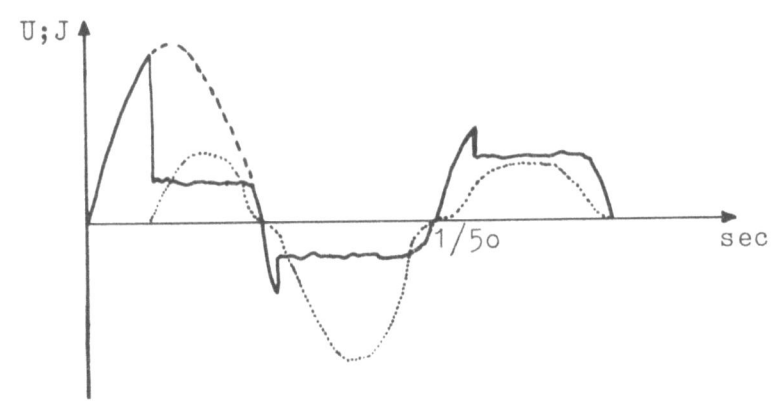

A b b i l d u n g   39
Schematische Darstellung des Strom- und Spannungsverlaufes
(ungleichförmiger Lichtbogen)

Die linke Halbperiode gibt den Zündverzug wieder, wodurch der Stromfluß später einsetzt und nicht entsprechend der ungestörten Sinuskurve (in Abb. 39: mittlere Halbperiode) den Amplitudenhöchstwert erreicht. Die rechte Halbperiode der Abbildung 39 veranschaulicht einen gehemmten Stromfluß bei normalen Zündverhältnissen, wie dieser in ausgeprägter Form beim Lichtbogenpunktschweißen von Aluminium durch partielle Gleichrichtung des Schweißstromes vorliegt.

Die partielle Gleichrichtung des Wechselstromes durch den Schweißlichtbogen, wie sich diese immer durch unterschiedliche Form von Anode und Kathode in mehr oder weniger ausgeprägter Form ergibt, wird beim Einsatz des fraglichen Verfahrens zum Punkten von Aluminium durch die stark differierenden Werkstoffe (Wolfram - Aluminium) verstärkt. Hierdurch wird zu Beginn der betreffenden Halbperiode eine Zündhilfe erforderlich, die in der unter 2. erwähnten Hochfrequenzüberlagerung gegeben ist. Der Überlagerung des Schweißstromes mit hochfrequentem Strom fallen somit zwei Aufgaben zu:

1) Zünden des Lichtbogens ohne Berührung der Elektrode mit dem Werkstück,
2) Zündhilfe zu Beginn der Halbperiode mit Gleichstromanteil.

Durch umfangreiche Registrierungen von Strom und Spannung während zahlreicher Punktungen verschiedener Versuchsreihen wurde untersucht, inwieweit eine gewisse Stetigkeit der Lichtbogenverhältnisse bei gleichen Schweißdaten vorliegt und ob eine Relation zwischen den Lichtbogenverhältnissen, die nicht durch einstellbare Faktoren direkt beeinflußt werden, und den erzielten Schweißergebnissen besteht. An Hand von Literaturangaben und auf Grund von Beobachtungen wurde hierbei der Gleichstromkomponente besondere Bedeutung beigemessen. Die Versuche wurden daher mit und ohne teilweise Unterdrückung des Gleichstromanteiles durchgeführt.

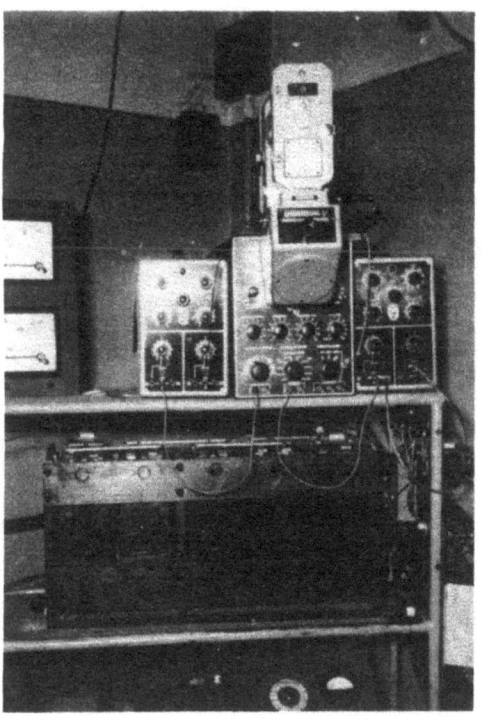

A b b i l d u n g 4o
Registrier- und Meßeinrichtungen

Die Abbildung 4o gibt die benutzten Registrier- und Meßeinrichtungen wieder, die im einzelnen bestehen aus:

a) Kathodenstrahl-Oszillograph mit aufgesetzter Registrierkamera (etwa Bildmitte)
b) elektronische Schalter
c) Volt- und Amperemeter
d) Meßwiderstände (im Bild: untere Hälfte ganz rechts - angebracht an der Stirnfläche des Meßwagens).

Die Unterdrückung der Gleichstromkomponente kann durch Reihenschaltung eines Siebkondensators oder einer Batterie in den Schweißstromkreis bewirkt werden. Bei den hier durchgeführten Untersuchungen wurde eine Batterie ausreichender Kapazität verwendet (s. untere Bildhälfte von Abb. 40).

Die Eichung der Meßgrößen wurde am Oszillographen vorgenommen, da auf dem Leuchtschirm der Kathodenstrahlröhre gegenüber der Mattscheibe der Registrierkamera der Ausschlag 3,4 mal größer ist. Für die Registrierungen wurde von den möglichen Geschwindigkeiten des Filmtransportes 1oo cm/sec gewählt, woraus sich eine Länge von 2 cm für eine Sinusschwingung ergibt.

Nachstehend sind einzelne Ausschnitte aus Registrierstreifen wiedergegeben und kurz erläutert.

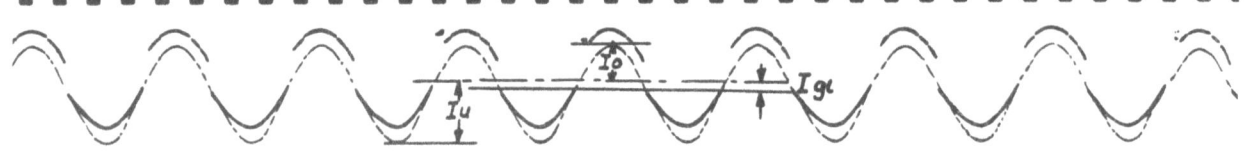

A b b i l d u n g 41
Registrierstreifen 1

Schweißbedingungen zu Registrierstreifen 1 (Abb. 41):
Aluminiumblech (Stärke von Ober- und Unterblech 1,5 mm); Argon: 6 Ltr/min; Elektrodenabstand 2,5 mm; J = 265 A; t = 4,o sec; Wolfram-Elektrode (dünn geschriebene Linien = Stromverlauf; dick geschriebene Linien = Spannungsverlauf).

Im Registrierstreifen 2 (Abb. 42) geben die dünn gepunkteten, schräg stehenden Geraden den Verlauf der Leerlaufspannung wieder (Ausschlag hier größer als Schirmdurchmesser des Oszillographen, um bei Arbeitsspannung von 2o bis 25 V gegenüber einer Leerlaufspannung von etwa 65 V genügend großen Ausschlag zu erzielen). Beim anschließenden Zünden erkennt man die sinusförmige Stromkurve, die aus der Null-Linie heraus nach unten verschoben ist. Diese Verschiebung wird durch den Gleichstromanteil hervorgerufen. Die Auswertung erfolgt entsprechend den in Registrierstreifen 1 (Abb. 41) eingetragenen Größen. Die ideelle Null-Linie weicht von der tatsächlichen um den Betrag J_{Gl} ab, der durch J_{eff} dividiert und mit 100 multipliziert den Anteil des Gleichstromes am Gesamtstrom in Prozent wiedergibt:

Es ist $\quad J_{Gl} = \dfrac{J_u - J_o}{2} \quad$ und $\quad J_{Gl}\,(\%) = \dfrac{J_{Gl}}{J_{eff}} \times 100$

Im vorliegenden Falle macht die Gleichstromkomponente etwa 50 Ampere aus, was einem Schweißstromanteil von 20 % entspricht.

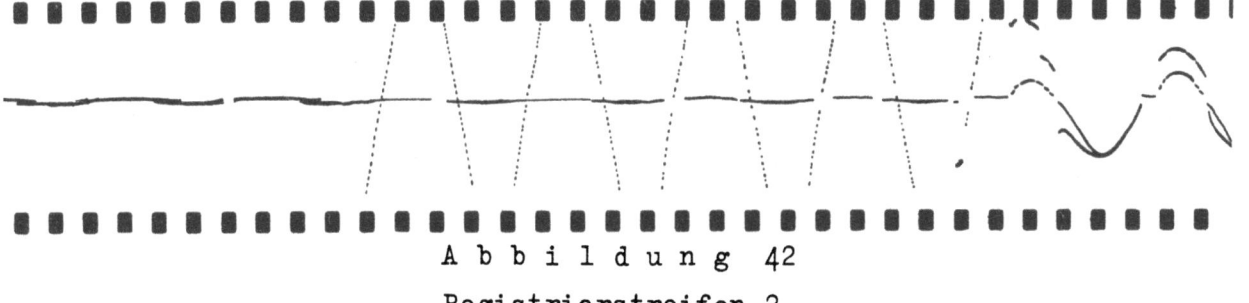

Abbildung 42

Registrierstreifen 2

In den Abbildungen 43 und 44 ist der prozentuale Gleichstromanteil in Abhängigkeit vom Schweißstrom aufgetragen. Die Prozentanteile des Gleichstromes

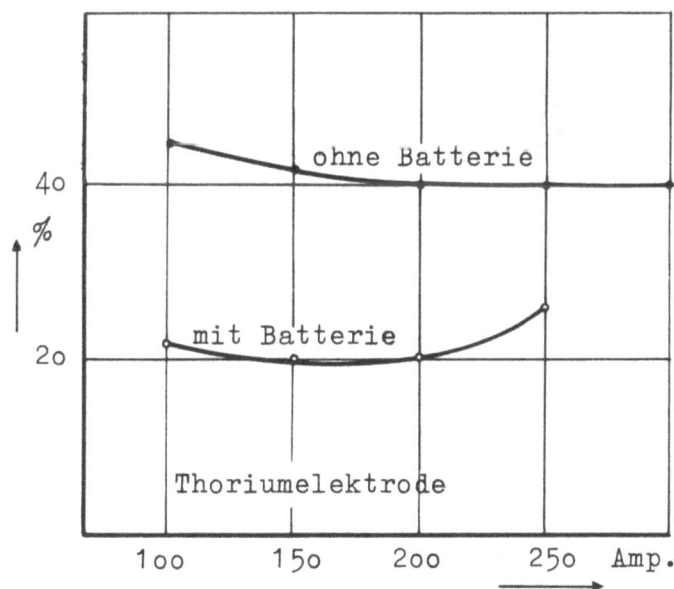

Abbildung 43

Prozentualer Gleichstromanteil am Gesamtstrom
bei Verwendung einer Thoriumelektrode

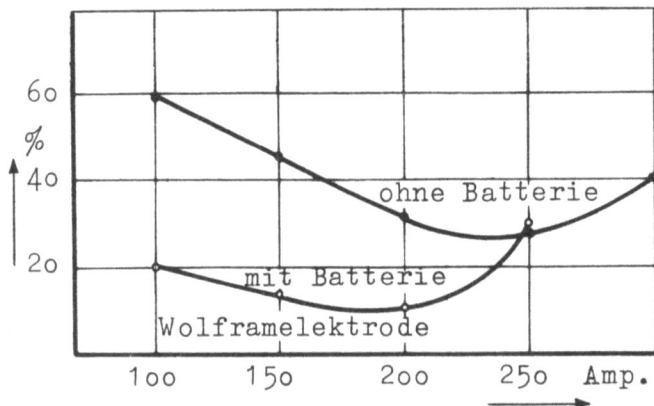

Abbildung 44
Prozentualer Gleichstromanteil am Gesamtstrom
bei Verwendung einer Wolframelektrode

nehmen zunächst mit zunehmender Stromstärke ab und steigen wieder nach einem ausgeprägten Minimum an. Bei thoriumlegierten ist das Minimum geringer als bei reinen Wolframelektroden. Nach Einschalten der 6-Volt-Batterie in den Stromkreis wird der Gleichstromanteil auf etwa die Hälfte herabgesetzt.

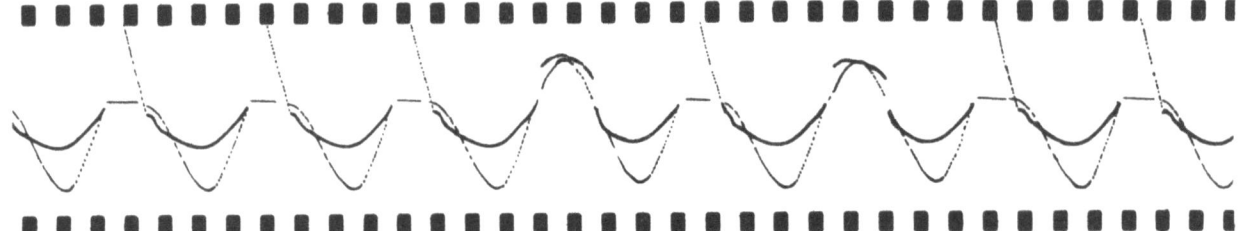

Abbildung 45
Registrierstreifen 3

Schweißbedingungen zu Registrierstreifen 3 (Abb. 45):
Aluminiumbleche (Stärke o,5 auf o,5 mm), Oberflächen geschmirgelt; thoriumlegierte Wolframelektrode; $J = 1o7$ A; $t = o,5$ sec.

Der Registrierstreifen 3 (Abb. 45) läßt erkennen, daß der Schweißstrom während mehrerer Halbperioden ausgesetzt hat. Fast ausnahmslos sind hierbei die Amplituden der unteren Halbperioden größer geworden, was ein Anwachsen des Gleichstromanteiles bedeutet.

T.H. HERBST führt diese Erscheinung auf die Oxydhaut zurück ("The Heliarc Welding Process", Machinery, Sept. 1946); die fehlende Begründung kann leicht durch die Ansicht ersetzt werden, daß die Elektronen durch das

Zerstören der Oxydhaut Energie einbüßen. Aus dieser Theorie ist zu folgern, daß nach Zerschlagen der Oxydhaut die Gleichstromkomponente zumindest abnehmen oder gar in Fortfall kommen muß. Ein Nachweis konnte hierfür nicht erbracht werden.

Die Auswertung durchgeführter Einzelaufnahmen des Lichtbogens geben nachstehende Erklärung:

Im Wechselstromlichtbogen fließen die Elektronen von der Kathode (- Pol) zur Anode (+ Pol). Entsprechend der Netzfrequenz ist jedoch die Elektrode einmal Kathode und während der darauffolgenden Halbperiode Anode. Für den Elektronenaustritt sorgen Glühemission und Feldemission. Bezüglich der Glühemission sind jedoch die Verhältnisse beim Schweißen von Aluminium sehr einseitig verschoben. Während Aluminium nicht glüht, liegt die Glühtemperatur für Aluminiumoxyd bedeutend niedriger als die der Wolframelektrode. Entsprechend unterschiedlich ist die Glühemission; der Elektronenstrom vom Aluminium zur Elektrode ist demzufolge geringer, worauf das Auftreten der partiellen Gleichrichtung zurückgeführt werden kann. Als Bestätigung für die wahrscheinliche Richtigkeit dieser Annahme können die Abbildungen 43 und 44 herangezogen werden, die bei entsprechender spezifischen Strombelastung der Elektrode ein absolutes Minimum des Gleichstromanteiles für die Wolframelektrode festhalten, da die thoriumlegierte Elektrode besser Elektronen emittiert.

5. Zusammenfassung

Das Argonarc-Lichtbogenpunktschweißverfahren zählt zu den neueren Schweißverfahren. Seine Anwendung in der Praxis ist bisher relativ sehr beschränkt. Der Schwerpunkt der Anwendungsmöglichkeit liegt und wird vorwiegend dort liegen, wo eine Punktschweißung nach dem Widerstandsschweißverfahren, sei es aus wirtschaftlichen oder aus konstruktiven Gründen nicht möglich ist. Das Verfahren selber ist heute soweit gereift, daß es beim Punkten von Stahlblechen hinsichtlich Qualität und Festigkeit der erzielbaren Verbindung neben dem Widerstandspunktschweißverfahren bestehen kann.

Die Messerschmidt-Norm "Me N 11 512" gibt für unlegierte Tiefziehbleche folgende Sollwerte für das Widerstands-Punktschweißen an. Die Tabelle enthält die Gegenüberstellung dieser Werte und der mit dem Argonarc-Verfahren erreichten Werte für St III 23 wieder.

Blechdicke mm	Sollwerte kg/Pkt	Argonarc-Werte kg/Pkt
0,5	180	250
1,0	405	430
1,5	635	575
2,0	875	800

Bei den beiden unteren Blechstärken sind die Sollwerte der vorgenannten Norm überschritten, während bei den oberen Blechdicken die Sollwerte nicht erreicht sind.

Bei Aluminium liegen die Verhältnisse gemessen an erzielbaren Werten mit dem Widerstandspunktschweißverfahren ungünstiger wie nachfolgende Tabelle beweist:

Blechdicke mm	Widerstands- verfahren kg/Pkt	Argonarc- verfahren kg/Pkt
0,5	45	60
1,0	130	95
1,5	220	110

Die Werte fußen auf Angaben von MÜLLER-BUSSE (6. Jahrgang, Schweißen und Schneiden) und gelten für Aluminium mit einer Bruchfestigkeit von 13 kg/mm^2. Die Forderung, daß 80 % der Proben nicht mehr als 10 % vom Mittelwert und der Rest nicht mehr als 20 % vom Mittelwert abweichen, konnte zwar erfüllt werden. Bedenkt man nun, daß das Argonarc-Lichtbogenpunktschweißen gerade dort zum Einsatz kommen soll, wo das Widerstandspunktschweißen nicht angewendet werden kann (z.B. Punkten dünner Bleche auf dickere Unterlagen), und daß diese Schweißung bei Aluminium nicht mit ausreichendem Erfolg durchgeführt werden kann, dann ist die eindeutige Überlegenheit des Widerstandspunktschweißens von Aluminium gegenüber dem Argonarc-Lichtbogenpunktschweißen augenscheinlich.

In der vorliegenden Arbeit wurde das Argonarc-Lichtbogenpunktschweißen von Stahlblechen verschiedener Qualitäten (St III 23 Thomasstahl, St VII 23 nach DIN 1623, Tiefziehblech St VIIIc 23) und kaltgewalztem Aluminiumblech Al 99,5 halbhart untersucht. Bei Stahl konnten im einzelnen z.B. für St III 23 bei gleichen Blechstärken folgende Optimalwerte ermittelt werden:

Blechstärke mm	Stromstärke Amp	Zeit sec	mittlere Festigkeit kg/Pkt
0,5	135	1	250
1,0	240	1,25	430
1,5	225	3	575
2,0	340	4,5	800

Dabei erwiesen sich als günstigste Schweißbedingungen:
Elektrodenabstand 2,0 mm
Argonmenge 6 Ltr/min
thoriumlegierte Wolframelektrode
Blechoberfläche frei von Rost und Öl
Argonnachströmzeit 15 sec.

Der optimale Elektrodenabstand wurde anhand der Güte der Punktverbindung (Scherzugfestigkeit) und nach verfahrenstechnischen Gesichtspunkten ermittelt. Bei einem geringen Elektrodenabstand wird die Elektrode durch Werkstoffteilchen verunreinigt, die aus dem Schmelzbad hochspritzen; bei einem größeren Elektrodenabstand hingegen treten namentlich bei kalter Elektrode Zündschwierigkeiten auf. Die Stabilität des Lichtbogens nimmt mit zunehmendem Elektrodenabstand ab.

Unter Berücksichtigung der Wirtschaftlichkeit, der Scherzugfestigkeit und der Ausbildung des Schweißgefüges, erwies sich ein Argonverbrauch von 6 Ltr/min als günstig. Die Nachströmzeit von 60 sec gewährleistet einen ausreichenden Schutz von Schmelze und Elektrode.

Der Einfluß der Oberflächenbeschaffenheit der zu schweißenden Bleche auf die Festigkeit der Punktverbindung konnte als unbedeutend herausgestellt werden. Stärkere Verschmutzungen (z.B. Öl) sind zweckmäßig zu entfernen.

Infolge der Wärmeübertragung ergeben hohe Stromstärken und kleine Schweißzeiten bessere Verbindungen als umgekehrt.

Die thoriumlegierte Wolframelektrode erwies sich in den Versuchsreihen durch bessere Zündeigenschaft, geringeren Abbrand und stabileren Lichtbogen gegenüber der Wolframelektrode überlegen.

Das Punkten unterschiedlicher Blechstärken bereitet bei Stahl keine Schwierigkeiten. Unangenehm wirkt sich allgemein der Elektrodenabbrand aus, da hierdurch die Wirtschaftlichkeit des Verfahrens einmal durch Nebenzeiten und zum anderen kostenmäßig herabgesetzt wird.

Die in den Versuchen für Reinaluminium ermittelten Optimalwerte sind in nachstehender Tabelle zusammengefaßt:

Blechstärke mm	Stromstärke Amp	Zeit sec	mittlere Festigkeit kg/Pkt
0,5	107	3	60
1,0	185	1	95
1,5	272	4	120

Hierbei erwiesen sich nachstehende Schweißbedingungen als zweckmäßig:
    Elektrodenabstand 2,5 mm
    thoriumlegierte Wolframelektrode
    Argonmenge 6 Ltr/min
    Oberflächen gebeizt, geschmirgelt oder mit Benzol gereinigt.

Gegenüber Stahlblechen mußte der Elektrodenabstand vergrößert werden, um mit Sicherheit die Gefahr einer Verunreinigung der Elektrode zu vermeiden. Von den vorgenannten Methoden der Oberflächenreinigung konnte bezüglich der Scherzugfestigkeit kein Unterschied ermittelt werden. Aus Gründen der Wirtschaftlichkeit empfiehlt sich Schmirgeln oder Bürsten. Bei Wolframelektroden ist der Abbrand wesentlich größer als bei thoriumlegierten Wolframelektroden, wie durch Makroschliffe mit Wolframeinschlüssen unter anderem bewiesen werden konnte.

Die zu Eingang dieses Abschnittes gegenübergestellten Werte von Aluminiumblechen einmal widerstandspunktgeschweißt und zum anderen argonarc-lichtbogenpunktgeschweißt lassen die Überlegenheit der Widerstandspunktschweißung erkennen. Weiterhin ist nachteilig, daß beim Punktschweißen von Aluminiumblechen mit dem Argonarc-Verfahren unregelmäßiges und nahezu willkürliches Auftreten von Fehlschweißungen in Kauf genommen werden muß. Im

Rahmen der vorliegenden Untersuchungen konnte nicht geklärt werden, warum z.B. von 10 Schweißpunkten, die unter genau eingehaltenen, gleichen Bedingungen erstellt wurden, sieben einwandfrei ausfielen, während drei Punkte schlechte Ergebnisse aufwiesen.

Das Punkten von Aluminiumblechen ungleicher Stärke führte nicht zum Erfolg bei normalen Bedingungen. Hier führte bei einem Unterblech von 1,5 mm Stärke erst nach einer Vorwärmung auf 450 °C ein Aufpunkten von 0,5 und 1,0 mm dicken Blechen zum Erfolg. Andere Kombinationen und andere Stärken von Ober- und Unterblechen ließen sich trotz Vorwärmen nicht miteinander verschweißen.

Vorgenommene Untersuchungen der Lichtbogenverhältnisse führten an Hand von oszillographisch registrierten Strom- und Spannungskurven zu nachstehendem Ergebnis:

Es konnte sowohl bei dem Werkstoff Stahl wie auch beim Schweißen von Aluminium eine Gleichstromkomponente nachgewiesen werden, deren Entstehung nicht auf vorhandene Oxydhaut zurückzuführen ist. Es liegt die Vermutung nahe, daß der sich einstellende Gleichstromanteil durch die unterschiedliche Wärmeentwicklung einmal an der Elektrode und zum anderen am Werkstück verursacht wird, da immer an der Elektrode hierdurch Glüh- und Feldemission vorliegen, jedoch am Werkstück bisweilen nur Feldemission. Diese Theorie findet in der unterschiedlichen Größe des Gleichstromanteiles beim Argonarc-Lichtbogenpunkten ihre Bestätigung, der sich bei Stahl gegenüber Aluminium einerseits und bei Verwendung einer reinen Wolframelektrode gegenüber einer thoriumlegierten Wolframelektrode andererseits ergibt.

Abschließend kann gesagt werden: Das Argonarc-Lichtbogenpunktschweißen ist bezüglich der Widerstandspunktschweißung als ein ergänzendes Verfahren anzusehen und ist mit Erfolg bei vielen Werkstoffen anwendbar, wie die Auswertung des Schrifttums und die vorliegenden Untersuchungen beweisen. Das Punkten von Aluminiumblechen mit diesem Verfahren ist noch nicht werkstattreif und ergibt unzufriedene Ergebnisse. Das Loch-Schmelzpunktschweißen (s. BOLLENRATH, F. "Loch-Schmelzpunktschweißen" Werkstatt und Betrieb 1955) ist in dieser Arbeit nicht berücksichtigt. Wir danken Herrn Dipl.-Ing. K. KLEINJOHANN für seine Mitarbeit an dem vorliegenden Beitrag.

Prof. Dr.-Ing. habil. K. KREKELER, Aachen
Dipl.-Ing. H. VERHOEVEN, Aachen

6. Literaturverzeichnis

1.	SUDASCH, E.	Schweißtechnik, Carl Hanser, München 1950
2.	ERDMANN-JESNITZER	Werkstoff und Schweißung I, Akademie-Verlag 1951, Werkstoff und Schweißung II, Akademie-Verlag Berlin, 1954
3.	POGODIN-ALEXEJEW	Theorie des Schweißprozesses, VEB-Verlag Technik, Berlin 1953
4.	FÜLLENBACH, H.	Lichtbogenpunktschweißen. Mitteilungen der Forschungsgesellschaft Blechverarbeitung
5.	MÜLLER-BUSSE, A.	Die elektrische Widerstandsschweißung von Aluminium, Schweißen und Schneiden, 6. Jg. 1954
6.		Aluminiumtaschenbuch 11. Aufl. 1955, Aluminium-Verlag GmbH., Düsseldorf
7.	ZEERLEDER	Technologie der Leichtmetalle, Leipzig 1947

FORSCHUNGSBERICHTE
DES WIRTSCHAFTS- UND VERKEHRSMINISTERIUMS
NORDRHEIN-WESTFALEN

Herausgegeben von Staatssekretär Prof. Leo Brandt

HEFT 1
Prof. Dr.-Ing. E. Flegler, Aachen
Untersuchungen oxydischer Ferromagnet-Werkstoffe
1952, 20 Seiten, DM 6,75

HEFT 2
Prof. Dr. W. Fuchs, Aachen
Untersuchungen über absatzfreie Teeröle
1952, 32 Seiten, 5 Abb., 6 Tabellen, DM 10,—

HEFT 3
Techn.-Wissenschaftl. Büro für die Bastfaserindustrie, Bielefeld
Untersuchungsarbeiten zur Verbesserung des Leinenwebstuhls
1952, 44 Seiten, 7 Abb., 3 Tabellen, DM 12,50

HEFT 4
Prof. Dr. E. A. Müller und Dipl.-Ing. H. Spitzer, Dortmund
Untersuchungen über die Hitzebelastung in Hüttebetrieben
1952, 28 Seiten, 5 Abb., 1 Tabelle, DM 9,—

HEFT 5
Dipl.-Ing. W. Fister, Aachen
Prüfstand der Turbinenuntersuchungen
1952, 40 Seiten, 30 Abb., 3 Schaltbilder, DM 1,—

HEFT 6
Prof. Dr. W. Fuchs, Aachen
Untersuchungen über die Zusammensetzung und Verwendbarkeit von Schwelteerfraktionen
1952, 36 Seiten, DM 10.50

HEFT 7
Prof. Dr. W. Fuchs, Aachen
Untersuchungen über emsländisches Petrolatum
1952, 36 Seiten, 1 Abb., 17 Tabellen, DM 10,50

HEFT 8
M. E. Meffert und H. Stratmann, Essen
Algen-Großkulturen im Sommer 1951
1953, 52 Seiten, 4 Abb., 20 Tabellen, DM 9,75

HEFT 9
Techn.-Wissenschaftl. Büro für die Bastfaserindustrie, Bielefeld
Untersuchungen über die zweckmäßige Wicklungsart von Leinengarnkreuzspulen unter Berücksichtigung der Anwendung hoher Geschwindigkeiten des Garnes
Vorversuche für Zetteln und Schären von Leinengarnen auf Hochleistungsmaschinen
1952, 48 Seiten, 7 Abb., 7 Tabellen, DM 9,25

HEFT 10
Prof. Dr. W. Vogel, Köln
„Das Streifenpaar" als neues System zur mechanischen Vergrößerung kleiner Verschiebungen und seine technischen Anwendungsmöglichkeiten
1953, 20 Seiten, 6 Abb., DM 4,50

HEFT 11
Laboratorium für Werkzeugmaschinen und Betriebslehre, Technische Hochschule Aachen
1. Untersuchungen über Metallbearbeitung im Fräsvorgang mit Hartmetallwerkzeugen und negativem Spanwinkel
2. Weiterentwicklung des Schleifverfahrens für die Herstellung von Präzisionswerkstücken unter Vermeidung hoher Temperaturen
3. Untersuchung von Oberflächenveredlungsverfahren zur Steigerung der Belastbarkeit hochbeanspruchter Bauteile
1953, 80 Seiten, 61 Abb., DM 15,75

HEFT 12
Elektrowärme-Institut, Langenberg (Rhld.)
Induktive Erwärmung mit Netzfrequenz
1952, 22 Seiten 6 Abb., DM 5,20

HEFT 13
Techn.-Wissenschaftl. Büro für die Bastfaserindustrie, Bielefeld
Das Naßspinnen von Bastfasergarnen mit chemischen Zusätzen zum Spinnbad
1953, 52 Seiten, 4 Abb., 19 Tabellen, DM 10,—

HEFT 14
Forschungsstelle für Acetylen, Dortmund
Untersuchungen über Aceton als Lösungsmittel für Acetylen
1952, 64 Seiten, 10 Abb., 26 Tabellen, DM 12,25

HEFT 15
Wäschereiforschung Krefeld
Trocknen von Wäschestoffen
1953, 48 Seiten, 14 Abb., 2 Tabellen, DM 9,—

HEFT 16
Max-Planck-Institut für Kohlenforschung, Mülheim a. d. Ruhr
Arbeiten des MPI für Kohlenforschung
1953, 104 Seiten, 9 Abb., DM 17,80

HEFT 17
Ingenieurbüro Herbert Stein, M.-Gladbach
Untersuchung der Verzugsvorgänge in den Streckwerken verschiedener Spinnereimaschinen. 1. Bericht: Vergleichende Prüfung mit verschiedenen Dickenmeßgeräten
1952, 36 Seiten, 15 Abb., DM 8,—

HEFT 18
Wäschereiforschung Krefeld
Grundlagen zur Erfassung der chemischen Schädigung beim Waschen
1953, 68 Seiten, 15 Abb., 15 Tabellen, DM 12,75

HEFT 19
Techn.-Wissenschaftl. Büro für die Bastfaserindustrie, Bielefeld
Die Auswirkung des Schlichtens von Leinengarnketten auf den Verarbeitungswirkungsgrad, sowie die Festigkeit und Dehnungsverhältnisse der Garne und Gewebe
1953, 48 Seiten, 1 Abb., 9 Tabellen, DM 9,—

HEFT 20
Techn.-Wissenschaftl. Büro für die Bastfaserindustrie, Bielefeld
Trocknung von Leinengarnen I
Vorgang und Einwirkung auf die Garnqualität
1953, 62 Seiten, 18 Abb., 5 Tabellen, DM 12,—

HEFT 21
Techn.-Wissenschaftl. Büro für die Bastfaserindustrie, Bielefeld
Trocknung von Leinengarnen II
Spulenanordnung und Luftführung beim Trocknen von Kreuzspulen
1953, 66 Seiten, 22 Abb., 9 Tabellen, DM 13,—

HEFT 22
Techn.-Wissenschaftl. Büro für die Bastfaserindustrie, Bielefeld
Die Reparaturanfälligkeit von Webstühlen
1953, 28 Seiten, 7 Abb., 5 Tabellen, DM 5,80

HEFT 23
Institut für Starkstromtechnik, Aachen
Rechnerische und experimentelle Untersuchungen zur Kenntnis der Metadyne als Umformer von konstanter Spannung auf konstanten Strom
1953, 52 Seiten, 20 Abb., 4 Tafeln, DM 9,75

HEFT 24
Institut für Starkstromtechnik, Aachen
Vergleich verschiedener Generator-Metadyne-Schaltungen in bezug auf statisches Verhalten
1952, 44 Seiten, 23 Abb., DM 8,50

HEFT 25
Gesellschaft für Kohlentechnik mbH., Dortmund-Eving
Struktur der Steinkohlen und Steinkohlen-Kokse
1953, 58 Seiten, DM 11,—

HEFT 26
Techn.-Wissenschaftl. Büro für die Bastfaserindustrie, Bielefeld
Vergleichende Untersuchungen zweier neuzeitlicher Ungleichmäßigkeitsprüfer für Bänder und Garne hinsichtlich ihrer Eignung für die Bastfaserspinnerei
1953, 64 Seiten, 30 Abb., DM 12,50

HEFT 27
Prof. Dr. E. Schratz, Münster
Untersuchungen zur Rentabilität des Arzneipflanzenanbaues Römische Kamille, Anthemis nobilis L.
1953, 16 Seiten, 1 Tabelle, DM 3,60

HEFT 28
Prof. Dr. E. Schratz, Münster
Calendula officinalis L. Studien zur Ernährung, Blütenfüllung und Rentabilität der Drogengewinnung
1953, 24 Seiten, 2 Abb., 3 Tabellen, DM 5,20

HEFT 29
Techn.-Wissenschaftl. Büro für die Bastfaserindustrie, Bielefeld
Die Ausnützung der Leinengarne in Geweben
1953, 100 Seiten, 14 Abb., 10 Tabellen, DM 17,80

HEFT 30
Gesellschaft für Kohlentechnik mbH., Dortmund-Eving
Kombinierte Entaschung und Verschwelung von Steinkohle; Aufarbeitung von Steinkohlenschlämmen zu verkokbarer oder verschwelbarer Kohle
1953, 56 Seiten, 16 Abb., 10 Tabellen, DM 10,50

HEFT 31
Dipl.-Ing. A. Stormanns, Essen
Messung des Leistungsbedarfs von Doppelsteg-Kettenförderern
1954, 54 Seiten, 18 Abb., 3 Anlagen, DM 11,—

HEFT 32
Techn.-Wissenschaftl. Büro für die Bastfaserindustrie, Bielefeld
Der Einfluß der Natriumchloridbleiche auf Qualität und Verwebbarkeit von Leinengarnen und die Eigenschaften der Leinengewebe unter besonderer Berücksichtigung des Einsatzes von Schützen- und Spulenwechselautomaten in der Leinenweberei
1953, 64 Seiten, 2 Abb., 12 Tabellen, DM 11,50

HEFT 33
Kohlenstoffbiologische Forschungsstation e. V.
Eine Methode zur Bestimmung von Schwefeldioxyd und Schwefelwasserstoff in Rauchgasen und in der Atmosphäre
1953, 32 Seiten, 8 Abb., 3 Tabellen, DM 6.50

HEFT 34
Textilforschungsanstalt Krefeld
Quellungs- und Entquellungsvorgänge bei Faserstoffen
1953, 52 Seiten, 13 Abb., 13 Tabellen, DM 9,80

WESTDEUTSCHER VERLAG · KÖLN UND OPLADEN

HEFT 35
Professor Dr. W. Kast, Krefeld
Feinstrukturuntersuchungen an künstlichen Zellulosefasern verschiedener Herstellungsverfahren.
Teil 1: Der Orientierungszustand
1953, 74 Seiten, 30 Abb., 7 Tabellen, DM 13,80

HEFT 36
Forschungsinstitut der feuerfesten Industrie, Bonn
Untersuchungen über die Trocknung von Rohton
Untersuchungen über die chemische Reinigung von Silika- und Schamotte-Rohstoffen mit chlorhaltigen Gasen
1953, 60 Seiten, 5 Abb., 5 Tabellen, DM 11,—

HEFT 37
Forschungsinstitut der feuerfesten Industrie, Bonn
Untersuchungen über den Einfluß der Probenvorbereitung auf die Kaltdruckfestigkeit feuerfester Steine
1953, 40 Seiten, 2 Abb., 5 Tabellen, DM 7,80

HEFT 38
Forschungsstelle für Acetylen, Dortmund
Untersuchungen über die Trocknung von Acetylen zur Herstellung von Dissousgas
1953, 36 Seiten, 11 Abb., 3 Tabellen, DM 6,80

HEFT 39
Forschungsgesellschaft Blechverarbeitung e. V., Düsseldorf
Untersuchungen an prägegemusterten und vorgelochten Blechen
1953, 46 Seiten, 34 Abb., DM 9,50

HEFT 40
Landesgeologe Dr.-Ing. W. Wolff, Amt für Bodenforschung, Krefeld
Untersuchungen über die Anwendbarkeit geophysikalischer Verfahren zur Untersuchung von Spateisengängen im Siegerland
1953, 46 Seiten, 8 Abb., DM 8,80

HEFT 41
Techn.-Wissenschaftl. Büro für die Bastfaserindustrie, Bielefeld
Untersuchungsarbeiten zur Verbesserung des Leinenwebstuhles II
1953, 40 Seiten, 4 Abb., 5 Tabellen, DM 7,80

HEFT 42
Professor Dr. B. Helferich, Bonn
Untersuchungen über Wirkstoffe — Fermente — in der Kartoffel und die Möglichkeit ihrer Verwendung
1953, 58 Seiten, 9 Abb., DM 11,—

HEFT 43
Forschungsgesellschaft Blechverarbeitung e. V., Düsseldorf
Forschungsergebnisse über das Beizen von Blechen
1953, 48 Seiten, 38 Abb., 2 Tabellen, DM 11,30

HEFT 44
Arbeitsgemeinschaft für praktische Dehnungsmessung, Düsseldorf
Eigenschaften und Anwendungen von Dehnungsmeßstreifen
1953, 68 Seiten, 43 Abb., 2 Tabellen, DM 13,70

HEFT 45
Losenhausenwerk Düsseldorfer Maschinenbau AG., Düsseldorf
Untersuchungen von störenden Einflüssen auf die Lastgrenzenanzeige von Dauerschwingprüfmaschinen
1953, 36 Seiten, 11 Abb., 3 Tabellen, DM 7,25

HEFT 46
Prof. Dr. W. Fuchs, Aachen
Untersuchungen über die Aufbereitung von Wasser für die Dampferzeugung in Benson-Kesseln
1953, 58 Seiten, 18 Abb., 9 Tabellen, DM 11,20

HEFT 47
Prof. Dr.-Ing. K. Krekeler, Aachen
Versuche über die Anwendung der induktiven Erwärmung zum Sintern von hochschmelzenden Metallen sowie zur Anlegierung und Vergütung von aufgespritzten Metallschichten mit dem Grundwerkstoff
1954, 66 Seiten, 39 Abb., DM 13,90

HEFT 48
Max-Planck-Institut für Eisenforschung, Düsseldorf
Spektrochemische Analyse der Gefügebestandteile in Stählen nach ihrer Isolierung
1953, 38 Seiten, 8 Abb., 5 Tabellen, DM 7,80

HEFT 49
Max-Planck-Institut für Eisenforschung, Düsseldorf
Untersuchungen über Ablauf der Desoxydation und die Bildung von Einschlüssen in Stählen
1953, 52 Seiten, 19 Abb., 3 Tabellen, DM 12,40

HEFT 50
Max-Planck-Institut für Eisenforschung, Düsseldorf
Flammenspektralanalytische Untersuchung der Ferritzusammensetzung in Stählen
1953, 44 Seiten, 15 Abb., 4 Tabellen, DM 8,60

HEFT 51
Verein zur Förderung von Forschungs- und Entwicklungsarbeiten in der Werkzeugindustrie e. V., Remscheid
Untersuchungen an Kreissägeblättern für Holz, Fehler- und Spannungsprüfverfahren
1953, 50 Seiten, 23 Abb., DM 10,—

HEFT 52
Forschungsstelle für Acetylen, Dortmund
Untersuchungen über den Umsatz bei der explosiblen Zersetzung von Azetylen
a) Zersetzung von gasförmigem Azetylen
b) Zersetzung von an Silikagel adsorbiertem Azetylen
1954, 48 Seiten, 8 Abb., 10 Tabellen, DM 9,25

HEFT 53
Professor Dr.-Ing. H. Opitz, Aachen
Reibwert und Verschleißmessungen an Kunststoffgleitführungen für Werkzeugmaschinen
1954, 38 Seiten, 18 Abb., DM 8,20

HEFT 54
Professor Dr.-Ing. F. A. F. Schmidt, Aachen
Schaffung von Grundlagen für die Erhöhung der spez. Leistung und Herabsetzung des spez. Brennstoffverbrauches bei Ottomotoren mit Teilbericht über Arbeiten an einem neuen Einspritzverfahren
1954, 34 Seiten, 15 Abb., DM 7,40

HEFT 55
Forschungsgesellschaft Blechverarbeitung e. V. Düsseldorf
Chemisches Glänzen von Messing und Neusilber
1954, 50 Seiten, 21 Abb., 1 Tabelle, DM 10,20

HEFT 56
Forschungsgesellschaft Blechverarbeitung e. V., Düsseldorf
Untersuchungen über einige Probleme der Behandlung von Blechoberflächen
1954, 52 Seiten, 42 Abb., DM 11,20

HEFT 57
Prof. Dr.-Ing. F. A. F. Schmidt, Aachen
Untersuchungen zur Erforschung des Einflusses des chemischen Aufbaues des Kraftstoffes auf sein Verhalten im Motor und in Brennkammern von Gasturbinen
1954, 70 Seiten, 32 Abb., DM 14,60

HEFT 58
Gesellschaft für Kohlentechnik mbH., Dortmund
Herstellung und Untersuchung von Steinkohlenschwelteer
1954, 74 Seiten, 9 Abb., 9 Tabellen, DM 13,75

HEFT 59
Forschungsinstitut der Feuerfest-Industrie e. V., Bonn
Ein Schnellanalysenverfahren zur Bestimmung von Aluminiumoxyd, Eisenoxyd und Titanoxyd in feuerfestem Material mittels organischer Farbreagenzien auf photometrischem Wege
Untersuchungen des Alkali-Gehaltes feuerfester Stoffe mit dem Flammenphotometer nach Riehm-Lange
1954, 62 Seiten, 12 Abb., 3 Tabellen, DM 11,60

HEFT 60
Forschungsgesellschaft Blechverarbeitung e. V., Düsseldorf
Untersuchungen über das Spritzlackieren im elektrostatischen Hochspannungsfeld
1954, 82 Seiten, 53 Abb., 7 Tabellen, DM 17,—

HEFT 61
Verein zur Förderung von Forschungs- und Entwicklungsarbeiten in der Werkzeugindustrie e. V., Remscheid
Schwingungs- und Arbeitsverhalten von Kreissägeblättern für Holz
1954, 54 Seiten, 31 Abb., DM 11,40

HEFT 62
Professor Dr. W. Franz, Institut für theoretische Physik der Universität Münster
Berechnung des elektrischen Durchschlags durch feste und flüssige Isolatoren
1954, 36 Seiten, DM 7,—

HEFT 63
Textilforschungsanstalt Krefeld
Neue Methoden zur Untersuchung der Wirkungsweise von Textilhilfsmitteln
Untersuchungen über Schlichtungs- und Entschlichtungsvorgänge
1954, 34 Seiten, 1 Abb., 5 Tabellen, DM 6,80

HEFT 64
Textilforschungsanstalt Krefeld
Die Kettenlängenverteilung von hochpolymeren Faserstoffen
Über die fraktionierte Fällung von Polyamiden
1954, 44 Seiten, 13 Abb., DM 8,60

HEFT 65
Fachverband Schneidwarenindustrie, Solingen
Untersuchungen über das elektrolytische Polieren von Tafelmesserklingen aus rostfreiem Stahl
1954, 90 Seiten, 38 Abb., 9 Tabellen, DM 17,35

HEFT 66
Dr.-Ing. P. Füsgen VDI †, Düsseldorf
Untersuchungen über das Auftreten des Ratterns bei selbsthemmenden Schneckengetrieben und seine Verhütung
1954, 32 Seiten, 5 Abb., DM 6,60

HEFT 67
Heinrich Wösthoff o. H. G., Apparatebau, Bochum
Entwicklung einer chemisch-physikalischen Apparatur zur Bestimmung kleinster Kohlenoxyd-Konzentrationen
1954, 94 Seiten, 48 Abb., 2 Tabellen, DM 18,25

HEFT 68
Kohlenstoffbiologische Forschungsstation e. V., Essen
Algengroßkulturen im Sommer 1952
II. Über die unsterile Großkultur von Scenedesmus obliquus
1954, 62 Seiten, 3 Abb., 29 Tabellen, DM 11,40

HEFT 69
Wäschereiforschung Krefeld
Bestimmung des Faserabbaues bei Leinen unter besonderer Berücksichtigung der Leinengarnbleiche
1954, 48 Seiten, 15 Abb., 3 Tabellen, DM 9,60

HEFT 70
Wäschereiforschung Krefeld
Trocknen von Wäschestoffen
1954, 52 Seiten, 18 Abb., 3 Tabellen, DM 10,—

HEFT 71
Prof. Dr.-Ing. K. Leist, Aachen
Kleingasturbinen, insbesondere zum Fahrzeugantrieb
1954, 114 Seiten, 85 Abb., DM 22,—

HEFT 72
Prof. Dr.-Ing. K. Leist, Aachen
Beitrag zur Untersuchung von stehenden geraden Turbinengittern mit Hilfe von Druckverteilungsmessungen
1954, 152 Seiten, 111 Abb., DM 36,20

HEFT 73
Prof. Dr.-Ing. K. Leist, Aachen
Spannungsoptische Untersuchungen von Turbinenschaufelfüßen
1954, 66 Seiten, 46 Abb., 2 Tabellen, DM 14,60

HEFT 74
Max-Planck-Institut für Eisenforschung, Düsseldorf
Versuche zur Klärung des Umwandlungsverhaltens eines sonderkarbidbildenden Chromstahls
1954, 58 Seiten, 10 Abb., DM 14,—

HEFT 75
Max-Planck-Institut für Eisenforschung, Düsseldorf
Zeit-Temperatur-Umwandlungs-Schaubilder als Grundlage der Wärmebehandlung der Stähle
1954, 44 Seiten, 13 Abb., DM 8,70

HEFT 76
Max-Planck-Institut für Arbeitsphysiologie, Dortmund
Arbeitstechnische und arbeitsphysiologische Rationalisierung von Mauersteinen
1954, 52 Seiten, 12 Abb., 3 Tabellen, DM 10,20

HEFT 77
Meteor Apparatebau Paul Schmeck GmbH., Siegen
Entwicklung von Leuchtstoffröhren hoher Leistung
1954, 46 Seiten, 12 Abb., 2 Tabellen, DM 9,15

HEFT 78
Forschungsstelle für Acetylen, Dortmund
Über die Zustandsgleichung des gasförmigen Acetylens und das Gleichgewicht Acetylen — Aceton
1954, 42 Seiten, 3 Abb., 8 Tabellen, DM 8,—

HEFT 79
Techn.-Wissenschaftl. Büro für die Bastfaserindustrie, Bielefeld
Trocknung von Leinengarnen III
Spinnspulen- und Spinnkopstrocknung
Vorgang und Einwirkung auf die Garnqualität
1954, 74 Seiten, 18 Abb., 10 Tabellen, DM 14,—

WESTDEUTSCHER VERLAG · KÖLN UND OPLADEN

HEFT 80
Techn.-Wissenschaftl. Büro für die Bastfaserindustrie, Bielefeld
Die Verarbeitung von Leinengarn auf Webstühlen mit und ohne Oberbau
1954, 30 Seiten, 2 Abb., 2 Tabellen, DM 6,—

HEFT 81
Prüf- und Forschungsinstitut für Ziegeleierzeugnisse, Essen-Kray
Die Einführung des großformatigen Einheits-Gitterziegels im Lande Nordrhein-Westfalen
1954, 54 Seiten, 2 Abb., 2 Tabellen, DM 10,—

HEFT 82
Vereinigte Aluminium-Werke AG., Bonn
Forschungsarbeiten auf dem Gebiet der Veredelung von Aluminium-Oberflächen
1954, 46 Seiten, 34 Abb., DM 9,60

HEFT 83
Prof. Dr. S. Strugger, Münster
Über die Struktur der Proplastiden
1954, 30 Seiten, 15 Abb., DM 8,40

HEFT 84
Dr. H. Baron, Düsseldorf
Über Standardisierung von Wundtextilien
1954, 32 Seiten, DM 6,40

HEFT 85
Textilforschungsanstalt Krefeld
Physikalische Untersuchungen an Fasern, Fäden, Garnen und Geweben:
Untersuchungen am Knickscheuergerät nach Weltzien
1954, 40 Seiten, 11 Abb., 8 Tabellen, DM 10,—

HEFT 86
Prof. Dr.-Ing. H. Opitz, Aachen
Untersuchungen über das Fräsen von Baustahl sowie über den Einfluß des Gefüges auf die Zerspanbarkeit
1954, 108 Seiten, 73 Abb., 7 Tabellen, DM 22,—

HEFT 87
Gemeinschaftsausschuß Verzinken, Düsseldorf
Untersuchungen über Güte von Verzinkungen
1954, 68 Seiten, 56 Abb., 3 Tabellen, DM 15,30

HEFT 88
Gesellschaft für Kohlentechnik mbH., Dortmund-Eving
Oxydation von Steinkohle mit Salpetersäure
1954, 62 Seiten, 2 Abb., 1 Tabelle, DM 11,50

HEFT 89
Verein Deutscher Ingenieure, Gleitlagerforschung, Düsseldorf
und *Prof. Dr.-Ing. G. Vogelpohl, Göttingen*
Versuche mit Preßstoff-Lagern für Walzwerke
1954, 70 Seiten, 34 Abb., DM 14,10

HEFT 90
Forschungs-Institut der Feuerfest-Industrie, Bonn
Das Verhalten von Silikasteinen im Siemens-Martin-Ofengewölbe
1954, 62 Seiten, 15 Abb., 11 Tabellen, DM 11,90

HEFT 91
Forschungs-Institut der Feuerfest-Industrie, Bonn
Untersuchungen des Zusammenhangs zwischen Leistung und Kohlenverbrauch von Kammeröfen zum Brennen von feuerfesten Materialien
1954, 42 Seiten, 6 Abb., DM 8,30

HEFT 92
Techn.-Wissenschaftl. Büro für die Bastfaserindustrie, Bielefeld
und *Laboratorium für textile Meßtechnik, M.-Gladbach*
Messungen von Vorgängen am Webstuhl
1954, 76 Seiten, 45 Abb., DM 15,50

HEFT 93
Prof. Dr. W. Kast, Krefeld
Spinnversuche zur Strukturerfassung künstlicher Zellulosefasern
1954, 82 Seiten, 39 Abb., 6 Tabellen, DM 16,—

HEFT 94
Prof. Dr. G. Winter, Bonn
Die Heilpflanzen des MATTHIOLUS (1611) gegen Infektionen der Harnwege und Verunreinigung der Wunden bzw. zur Förderung der Wundheilung im Lichte der Antibiotikaforschung
1954, 58 Seiten, 1 Abb., 2 Tabellen, DM 11,50

HEFT 95
Prof. Dr. G. Winter, Bonn
Untersuchungen über die flüchtigen Antibiotika aus der Kapuziner- (Tropaeolum maius) und Gartenkresse (Lepidium sativum) und ihr Verhalten im menschlichen Körper bei Aufnahme von Kapuziner- bzw. Gartenkressensalat per os
1955, 74 Seiten, 9 Abb., 25 Tabellen, DM 14,—

HEFT 96
Dr.-Ing. P. Koch, Dortmund
Austritt von Exoelektronen aus Metalloberflächen unter Berücksichtigung der Verwendung des Effektes für die Materialprüfung
1954, 34 Seiten, 13 Abb., DM 7,—

HEFT 97
Ing. H. Stein, Laboratorium für textile Meßtechnik, M.-Gladbach
Untersuchung der Verzugsvorgänge an den Streckwerken verschiedener Spinnereimaschinen
2. Bericht: Ermittlung der Haft-Gleiteigenschaften von Faserbändern und Vorgarnen
1955, 98 Seiten, 54 Abb., DM 21,—

HEFT 98
Fachverband Gesenkschmieden, Hagen
Die Arbeitsgenauigkeit beim Gesenkschmieden unter Hämmern
1955, 132 Seiten, 55 Abb., 9 Tabellen, DM 24,75

HEFT 99
Prof. Dr.-Ing. G. Garbotz, Aachen
Der Kraft- und Arbeitsaufwand sowie die Leistungen beim Biegen von Bewehrungsstählen in Abhängigkeit von den Abmessungen, den Formen und der Güte der Stähle (Ermittlung von Leistungsrichtlinien)
1955, 136 Seiten, 53 Abb., 3 Anlagen, 18 Tabellen, DM 30,—

HEFT 100
Prof. Dr.-Ing. H. Opitz, Aachen
Untersuchungen von elektrischen Antrieben, Steuerungen und Regelungen an Werkzeugmaschinen
1955, 166 Seiten, 71 Abb., 3 Tabellen, DM 31,30

HEFT 101
Prof. Dr.-Ing. H. Opitz, Aachen
Wirtschaftlichkeitsbetrachtungen beim Außenrundschleifen
1955, 100 Seiten, 56 Abb., 3 Tabellen, DM 19,30

HEFT 102
Dr. P. Hölemann, Ing. R. Hasselmann und Ing. G. Dix, Dortmund
Untersuchungen über die thermische Zündung von explosiblen Acetylenzersetzungen in Kapillaren
1954, 44 Seiten, 5 Abb., 4 Tabellen, DM 8,60

HEFT 103
Prof. Dr. W. Weizel, Bonn
Durchführung von experimentellen Untersuchungen über den zeitlichen Ablauf von Funken in komprimierten Edelgasen sowie zu deren mathematischen Berechnung
1955, 46 Seiten, 12 Abb., DM 9,10

HEFT 104
Prof. Dr. W. Weizel, Bonn
Über den Einfluß der Elektroden auf die Eigenschaften von Cadmium-Sulfid-Widerstands-Photozellen
1955, 48 Seiten, 12 Abb., DM 9,45

HEFT 105
Dr.-Ing. R. Meldau, Harsewinkel/Westf.
Auswertung von Gekörn – Analysen des Musterstaubes „Flugasche Fortuna I"
1955, 42 Seiten, 14 Abb., DM 8,50

HEFT 106
ORR. Dr.-Ing. W. Küch, Dortmund
Untersuchungen über die Einwirkung von feuchtigkeitsgesättigter Luft auf die Festigkeit von Leimverbindungen
1954, 60 Seiten, 10 Abb., 6 Tabellen, DM 11,40

HEFT 107
Prof. Dr. H. Lange und Dipl.-Phys. P. St. Pütter, Köln
Über die Konstruktion von Laboratoriumsmagneten
1955, 66 Seiten, 19 Abb., 1 Tabelle, DM 12,30

HEFT 108
Prof. Dr. W. Fuchs, Aachen
Untersuchungen über neue Beizmethoden und Beizabwässer
I. Die Entzunderung von Drähten mit Natriumhydrid
II. Die Aufbereitung von Beizabwässern
1955, 82 Seiten, 15 Abb., 14 Tabellen, 1 Falttafel, DM 15,25

HEFT 109
Dr. P. Hölemann und Ing. R. Hasselmann, Dortmund
Untersuchungen über die Löslichkeit von Azetylen in verschiedenen organischen Lösungsmitteln
1954, 42 Seiten, 10 Abb., 8 Tabellen, DM 8,30

HEFT 110
Dr. P. Hölemann und Ing. R. Hasselmann, Dortmund
Untersuchungen über den Druckverlauf bei der explosiblen Zersetzung von gasförmigem Azetylen
1955, 54 Seiten, 10 Abb., 5 Tabellen, DM 11,—

HEFT 111
Fachverband Steinzeugindustrie, Köln
Die Entwicklung eines Gerätes zur Beschickung seitlicher Feuer von Steinzeug-Einzelkammeröfen mit festen Brennstoffen
1955, 46 Seiten, 16 Abb., DM 9,40

HEFT 112
Prof. Dr.-Ing. H. Opitz, Aachen
Verschleißmessungen beim Drehen mit aktivierten Hartmetallwerkzeugen
1954, 44 Seiten, 17 Abb., 6 Tabellen, DM 8,80

HEFT 113
Prof. Dr. O. Graf, Dortmund
Erforschung der geistigen Ermüdung und nervösen Belastung: Studien über die vegetative 24-Stunden-Rhythmik in Ruhe und unter Belastung
1955, 40 Seiten, 12 Abb., DM 8,20

HEFT 114
Prof. Dr. O. Graf, Dortmund
Studien über Fließarbeitsprobleme an einer praxisnahen Experimentieranlage
1954, 34 Seiten, 6 Abb., DM 7,—

HEFT 115
Prof. Dr. O. Graf, Dortmund
Studium über Arbeitspausen in Betrieben bei freier und zeitgebundener Arbeit (Fließarbeit) und ihre Auswirkung auf die Leistungsfähigkeit
1955, 50 Seiten, 13 Abb., 2 Tabellen, DM 9,80

HEFT 116
Prof. Dr.-Ing. E. Siebel und Dr.-Ing. H. Weiss, Stuttgart
Untersuchungen an einigen Problemen des Tiefziehens – I. Teil
1955, 74 Seiten, 50 Abb., 5 Tabellen, DM 14,50

HEFT 117
Dr.-Ing. H. Beißwänger, Stuttgart, und Dr.-Ing. S. Schwandt, Trier
Untersuchungen an einigen Problemen des Tiefziehens – II. Teil
1955, 92 Seiten, 34 Abb., 8 Tabellen, DM 17,70

HEFT 118
Prof. Dr. E. A. Müller und Dr. H. G. Wenzel, Dortmund
Neuartige Klima-Anlage zur Erzeugung ungleicher Luft- und Strahlungstemperaturen in einem Versuchsraum
1955, 68 Seiten, 10 z. T. mehrfarb. Abb., DM 14,—

HEFT 119
Dr.-Ing. O. Viertel, Krefeld
Wäscherei- und energietechnische Untersuchung einer Gemeinschafts-Waschanlage
1955, 50 Seiten, 18 Abb., DM 10,20

HEFT 120
Dipl.-Ing. A. Weisbecker, Lüdenscheid
Über Anfressen an Reinstaluminium-Schweißnähten bei der elektrolytischen Oxydation
Gebr. Hörstermann GmbH., Velbert
Entwicklung und Erprobung eines neuartigen Gummibandförderers
1955, 46 Seiten, 18 Abb., DM 9,70

HEFT 121
Dr. H. Krebs, Bonn
I. Die Struktur und die Eigenschaften der Halbmetalle
II. Die Bestimmung der Atomverteilung in amorphen Substanzen
III. Die chemische Bindung in anorganischen Festkörpern und das Entstehen metallischer Eigenschaften
1955, 124 Seiten, 36 Abb., 13 Tabellen, DM 22,90

HEFT 122
Prof. Dr. W. Fuchs, Aachen
Untersuchungen zur Verbesserung der Wasseraufbereitung und Wasseranalyse:
Über die Schnellbewertung von Ionenaustauscher
1955, 62 Seiten, 32 Abb., DM 12,30

HEFT 123
Dipl.-Ing. J. Emondts, Aachen
Über Bodenverformungen bei stark gestörtem und mächtigem, wasserführendem Deckgebirge im Aachener Steinkohlengebiet
1955, 196 Seiten, 37 Abb., 10 Tabellen, DM 28,80

HEFT 124
Prof. Dr. R. Seyffert, Köln
Wege und Kosten der Distribution der Hausratwaren im Lande Nordrhein-Westfalen
1955, 74 Seiten, 25 Tabellen, DM 9,—

WESTDEUTSCHER VERLAG · KÖLN UND OPLADEN

HEFT 125
Prof. Dr. E. Kappler, Münster
Eine neue Methode zur Bestimmung von Kondensations-Koeffizienten von Wasser
1955, 46 Seiten, 11 Abb., 1 Tabelle, DM 9,10

HEFT 126
Prof. Dr.-Ing. J. Mathieu, Aachen
Arbeitszeitvergleich
Grundlagen, Methodik und praktische Durchführung
1955, 70 Seiten, DM 13,—

HEFT 127
Güteschutz Betonstein e. V.,
Arbeitskreis Nordrhein-Westfalen, Dortmund
Die Betonwaren-Gütesicherung im Lande Nordrhein-Westfalen
1955, 58 Seiten, 15 Abb., 3 Tabellen, DM 11,50

HEFT 128
Prof. Dr. O. Schmitz-DuMont, Bonn
Untersuchungen über Reaktionen in flüssigem Ammoniak
1955, 96 Seiten, 11 Abb., 6 Tabellen, DM 17,75

HEFT 129
Prof. Dr.-Ing. J. Mathieu und Dr. C. A. Roos,
Aachen
Die Anlernung von Industriearbeitern
I. Ergebnisse einer grundsätzlichen Untersuchung der gegenwärtigen Industriearbeiter-Kurzanlernung
1955, 106 Seiten, DM 19,70

HEFT 130
Prof. Dr.-Ing. J. Mathieu und Dr. C. A. Roos,
Aachen
Die Anlernung von Industriearbeitern
II. Beiträge zur Methodenfrage der Kurzanlernung
1955, 108 Seiten, DM 19,90

HEFT 131
Dr. W. Hoerburger, Köln
Versuche zur Biosynthese von Eiweiß aus Kohlenwasserstoff
1955, 34 Seiten, 2 Abb., DM 6,90

HEFT 132
Prof. Dr. W. Seith, Münster
Über Diffusionserscheinungen in festen Metallen
1955, 42 Seiten, 19 Abb., 4 Tabellen, DM 9,10

HEFT 133
Prof. Dr. E. Jenckel, Aachen
Über einen für Schwermetalle selektiven Ionenaustauscher
1955, 48 Seiten, 8 Abb., 13 Tabellen, DM 9,50

HEFT 134
Prof. Dr.-Ing. H. Winterhager, Aachen
Über die elektrochemischen Grundlagen der Schmelzfluß-Elektrolyse von Bleisulfid in geschmolzenen Mischungen mit Bleichlorid
1955, 54 Seiten, 20 Abb., 5 Tabellen, DM 11,80

HEFT 135
Prof. Dr.-Ing. K. Krekeler und Dr.-Ing. H. Peukert,
Aachen
Die Änderung der mechanischen Eigenschaften thermoplastischer Kunststoffe durch Warmrecken
1955, 54 Seiten, 27 Abb., DM 11,10

HEFT 136
Dipl.-Phys. P. Pilz, Remscheid
Über spezielle Probleme der Zerkleinerungstechnik von Weichstoffen
1955, 58 Seiten, 19 Abb., 2 Tabellen, DM 11,50

HEFT 137
Prof. Dr. W. Baumeister, Münster
Beiträge zur Mineralstoffernährung der Pflanzen
1955, 64 Seiten, 6 Tabellen, DM 11,80

HEFT 138
Dr. P. Hölemann und Ing. R. Hasselmann, Dortmund
Untersuchungen über die Zersetzungswärme von gasförmigem und in Azeton gelöstem Azetylen
1955, 54 Seiten, 8 Abb., 7 Tabellen, DM 10,40

HEFT 139
Prof. Dr. W. Fuchs, Aachen
Studien über die thermische Zersetzung der Kohle und die Kohlendestillatprodukte
1955, 64 Seiten, 20 Abb., 22 Tabellen, DM 11,80

HEFT 140
Dr.-Ing. G. Hausberg, Essen
Modellversuche an Zyklonen
1955, 78 Seiten, 24 Abb., DM 15,70

HEFT 141
Dr. J. van Calker und Dr. R. Wienecke, Münster
Untersuchungen über den Einfluß dritter Analysenpartner auf die spektrochemische Analyse
1955, 42 Seiten, 15 Abb., DM 9,10

HEFT 142
Dipl.-Ing. G. M. F. Wiebel, Hannover, A. Konermann und A. Ottenheym, Sennelager
Entwicklung eines Kalksandleichtsteines
1955, 38 Seiten, 4 Abb., DM 8,—

HEFT 143
Prof. Dr. F. Wever, Dr. A. Rose und Dipl.-Ing. W. Straßburg, Düsseldorf
Härtbarkeit und Umwandlungsverhalten der Stähle
1955, 50 Seiten, 12 Abb., 3 Tabellen, DM 10,70

HEFT 144
Prof. Dr. H. Wurmbach, Bonn
Steuerung von Wachstum und Formbildung
1955, 48 Seiten, 19 Abb., DM 10,30

HEFT 145
Dr. G. Hennemann, Werdohl (Westf.)
Beitrag zur Interpretation der modernen Atomphysik
1955, 34 Seiten, DM 10,—

HEFT 146
Dr.-Ing. F. Gruß, Düsseldorf
Sterilisation mit Heißluft
1955, 34 Seiten, 10 Abb., DM 7,70

HEFT 147
Dr.-Ing. W. Rudisch, Unna
Untersuchung einer drehelastischen Elektromagnet-Synchronkupplung
1955, 82 Seiten, 65 Abb., DM 17,70

HEFT 148
Prof. Dr. H. Bittel u. Dipl.-Phys. L. Storm, Münster
Untersuchungen über Widerstandsrauschen
1955, 40 Seiten, 5 Abb., DM 8,40

HEFT 149
Dipl.-Ing. K. Konopicky und Dipl.-Chem.
P. Kampa, Bonn
I. Beitrag zur flammenphotometrischen Bestimmung des Calciums
Dr.-Ing. K. Konopicky, Bonn
II. Die Wanderung von Schlackenbestandteilen in feuerfesten Baustoffen
1955, 54 Seiten, 10 Abb., 5 Tabellen, DM 11,—

HEFT 150
Prof. Dr.-Ing. O. Kienzle und Dipl.-Ing. W. Timmerbeil, Hannover
Das Durchziehen enger Kragen an ebenen Fein- und Mittelblechen
1955, 52 Seiten, 20 Abb., 8 Tabellen, DM 11,30

HEFT 151
Dipl.-Ing. P. Karabasch, Aachen
Feststellung des optimalen Gasgehaltes von Bronzen zur Erzielung druckdichter Gußstücke
1956, 64 Seiten, 31 Abb., 5 Tabellen, DM 13,90

HEFT 152
Dipl.-Ing. G. Müller, Köln
Ermittlung der Laufeigenschaften (Vergießbarkeit) von Bronze und Rotguß mittels der Schneider-Gießspirale
1955, 60 Seiten, 33 Abb., DM 13,30

HEFT 153
Prof. Dr. F. Wever, Dr.-Ing. W. A. Fischer und Dipl.-Ing. J. Engelbrecht, Düsseldorf
I. Die Reduktion sauerstoffhaltiger Eisenschmelzen im Hochvakuum mit Wasserstoff und Kohlenstoff
II. Einfluß geringer Sauerstoffgehalte auf das Gefüge und Alterungsverhalten von Reineisen
1955, 54 Seiten, 15 Abb., 2 Tabellen, DM 12,40

HEFT 154
Prof. Dr.-Ing. P. Bardenheuer und Dr.-Ing. W. A. Fischer, Düsseldorf
Die Verschlackung von Titan aus Stahlschmelzen im sauren und basischen Hochfrequenzofen unter verschiedenen Schlacken
1955, 36 Seiten, 10 Abb., 1 Tabelle, DM 7,95

HEFT 155
Dipl.-Phys. K. H. Schirmer, München
Die auf Grau abgestimmte Farbwiedergabe im Dreifarbenbuchdruck
1955, 46 Seiten, 17 Abb., 2 Farbtafeln, DM 10,—

HEFT 156
Prof. Dr.-Ing. B. von Borries und Mitarbeiter,
Düsseldorf
Die Entwicklung regelbarer permanentmagnetischer Elektronenlinsen hoher Brechkraft und eines mit ihnen ausgerüsteten Elektronenmikroskopes neuer Bauart
1956, 102 Seiten, 52 Abb., DM 22,55

HEFT 157
Dr. W. Jawtusch, Dr. G. Schuster und
Prof. Dr.-Ing. R. Jaeckel, Bonn
Untersuchungen über die Stoßvorgänge zwischen neutralen Atomen und Molekülen
1955, 48 Seiten, 15 Abb., 3 Tabellen, DM 10,50

HEFT 158
Dipl.-Ing. W. Rosenkranz, Meinerzhagen
Ein Beitrag zum Problem der Spannungskorrosion bei Preßprofilen und Preßteilen aus Aluminium-Legierungen
1956, 112 Seiten, 61 Abb., 5 Tabellen, DM 27,40

HEFT 159
Dr.-Ing. O. Viertel und O. Oldenroth, Krefeld
Das Bleichen von Weißwäsche mit Wasserstoffsuperoxyd bzw. Natriumhypochlorit beim maschinellen Waschen
1955, 54 Seiten, 23 Abb., 2 Tabellen, DM 11,45

HEFT 160
Prof. Dr. W. Klemm, Münster
Über neue Sauerstoff- und Fluor-haltige Komplexe
1955, 50 Seiten, 13 Abb., 7 Tabellen, DM 10,80

HEFT 161
Prof. Dr. W. Weltzien und Dr. G. Hauschild,
Krefeld
Über Silikone und ihre Anwendung in der Textilveredlung
1955, 162 Seiten, 22 Abb., 10 Tabellen, DM 27,—

HEFT 162
Prof. Dr. F. Wever, Prof. Dr. A. Kochendörfer und Dr.-Ing. Chr. Rohrbach, Düsseldorf
Kennzeichnung der Sprödbruchneigung von Stählen durch Messung der Fließspannung, Reißspannung und Brucheinschnürung an dreiachsig beanspruchten Proben
1955, 58 Seiten, 26 Abb., DM 13,—

HEFT 163
Dipl.-Ing. W. Rohs und Text.-Ing. H. Griese,
Bielefeld
Untersuchungsarbeiten zur Verbesserung des Leinenwebstuhls III
1955, 80 Seiten, 15 Abb., 18 Tabellen, DM 15,80

HEFT 164
Dr.-Ing. H. Schmachtenberg, Köln
Neuartige Prüfeinrichtungen für Kraftfahrzeuge
1955, 44 Seiten, 23 Abb., DM 9,60

HEFT 165
Dr.-Ing. W. Wilhelm, Aachen
Instationäre Gasströmung im Auspuffsystem eines Zweitaktmotors
1955, 62 Seiten, 31 Abb., 8 Tabellen, DM 13,60

HEFT 166
Prof. Dr. M. v. Stackelberg, Dr. H. Heindze,
Dr. H. Hübschke und Dr. K. H. Frangen, Bonn
Kolloidchemische Untersuchungen
1955, 106 Seiten, 8 Abb., 13 Tabellen, DM 21,25

HEFT 167
Prof. Dr.-Ing. F. Schuster, Essen
I. Über die Heißkarburierung von Brenngasen mit Ölen und Teeren
II. Die Strahlungsvorgänge in brennstoffbeheizten Öfen bei verschiedenen Verbrennungsatmosphären
1955, 38 Seiten, 8 Abb., DM 8,30

HEFT 168
Prof. Dr.-Ing. F. Schuster, Essen
I. Luftvorwärmung an Gasfeuerungen
II. Heizwerthöhe von Brenngasen und Wirkungsgrad sowie Gasverbrauch bei der Gasverwendung
III. Sauerstoffangereicherte Luft und feuerungstechnische Kenngrößen von Brenngasen
1955, 60 Seiten, 18 Abb., DM 12,50

HEFT 169
Forschungsinstitut für Pigmente und Lacke, Stuttgart
Arbeiten über die Bestimmung des Gebrauchswertes von Lackfilmen durch physikalische Prüfungen
1955, 70 Seiten, 23 Abb., 4 Tabellen, DM 15,—

HEFT 170
Prof. Dr. F. Wever, Dr. A. Rose und
Dipl.-Ing. L. Rademacher, Düsseldorf
Anwendung der Umwandlungsschaubilder auf Fragen der Werkstoffauswahl beim Schweißen und Flammhärten
1955, 64 Seiten, 25 Abb., DM 13,70

WESTDEUTSCHER VERLAG · KÖLN UND OPLADEN

HEFT 171
Wäschereiforschung Krefeld
Untersuchung der Wäscheentwässerung mit Hilfe von Zentrifugen und Pressen
1955, 42 Seiten, 16 Abb., 4 Tabellen, DM 9,70

HEFT 172
Dipl.-Ing. W. Rohs, Dr.-Ing. G. Satlow und Text.-Ing. G. Heller, Bielefeld
Trocknung von Hanfgarnen. Kreuzspultrocknung
1955, 60 Seiten, 7 Abb., 4 Tabellen, DM 10,30

HEFT 173
Prof. Dr. R. Hosemann und Dipl.-Phys. G. Schoknecht, Berlin, vorgelegt von Prof. Dr. W. Kast, Krefeld
Lichtoptische Herstellung und Diskussion der Faltungsquadrate parakristalliner Gitter
1956, 108 Seiten, 63 Abb., 6 Tabellen, DM 24,70

HEFT 174
Prof. Dr. W. von Fragstein, Dr. J. Meingast und H. Hoch, Köln
Herstellung von Solen einheitlicher Teilchengröße und Ermittlung ihrer optischen Eigenschaften
1955, 78 Seiten, 80 Abb., 4 Tabellen, DM 18,25

HEFT 175
Dr.-Ing. H. Zeller, Aachen
Beitrag zur eindimensionalen stationären und nichtstationären Gasströmung mit Reibung und Wärmeleitung insbesondere in Rohren mit unstetigen Querschnittsänderungen
1956, 138 Seiten, 56 Abb., DM 29,30

HEFT 176
Dipl.-Ing. H. Schöberl, Duisburg
Über die Methoden zur Ermittlung der Verbrennungstemperatur von Brennstoffen und ein Vorschlag zu ihrer Verbesserung
1955, 30 Seiten, 3 Abb., DM 6,50

HEFT 177
Dipl.-Ing. H. Stüdemann, Solingen, und Dr.-Ing. W. Müchler, Essen
Entwicklung eines Verfahrens zur zahlenmäßigen Bestimmung der Schneideigenschaften von Messerklingen
1956, 104 Seiten, 68 Abb., 4 Tabellen, DM 22,20

HEFT 178
Prof. Dr. M. von Stackelberg u. Dr. W. Hans, Bonn
Untersuchungen zur Ausarbeitung und Verbesserung von polarographischen Analysenmethoden
1955, 46 Seiten, 14 Abb., DM 10,50

HEFT 179
Dipl.-Ing H. F. Reineke, Bochum
Entwicklungsarbeiten auf dem Gebiete der Meß- und Regeltechnik
1955, 46 Seiten, 10 Abb., DM 10,—

HEFT 180
Dr.-Ing. W. Piepenburg, Dipl.-Ing. B. Bühling und Bauing. J. Behnke, Köln
Putzarbeiten im Hochbau und Versuche mit aktiviertem Mörtel und mechanischem Mörtelauftrag
1955, 116 Seiten, 31 Abb., 68 Tabellen, DM 23,—

HEFT 181
Prof. Dr. W. Franz, Münster
Theorie der elektrischen Leitvorgänge in Halbleitern und isolierenden Festkörpern bei hohen elektrischen Feldern
1955, 28 Seiten, 2 Abb., 1 Tabelle, DM 6,20

HEFT 182
Dr.-Ing. P. Schenk u. Dr. K. Osterloh, Düsseldorf
Katalytisch-thermische Spaltung von gasförmigen und flüssigen Kohlenwasserstoffen zur Spitzengaserzeugung
1955, 50 Seiten, 11 Abb., 11 Tabellen, DM 10,90

HEFT 183
Dr. W. Bornheim, Köln
Entwicklungsarbeiten an Flaschen- und Ampullen-Behandlungsmaschinen für die pharmazeutische Industrie
1956, 48 Seiten, 24 Abb., DM 11,70

HEFT 184
Dr.-Ing. E. Printz, Kettwig
Vollhydraulische Parallel-Kupplung für Ackerschlepper
1955, 32 Seiten, 4 Abb., DM 7,80

HEFT 185
Dipl.-Ing. W. Rohs und Text.-Ing. G. Heller, Bielefeld
Studien an einem neuzeitlichen Kreuzspultrockner für Bastfasergarne mit Wiederbefeuchtungszone
1955, 52 Seiten, 9 Abb., 3 Tabellen, DM 10,70

HEFT 186
Dr. E. Wedekind, Krefeld
Untersuchungen zur Arbeitsbestgestaltung bei der Fertigstellung von Oberhemden in gewerblichen Wäschereien
1955, 124 Seiten, 28 Abb., 6 Tabellen, 2 Falttaf., DM 12,—

HEFT 187
Dipl.-Ing. F. Göttgens, Essen
Über die Eigenarten der Bimetall-, Thermo- und Flammenionisationssicherungsmethode in ihrer Anwendung auf Zündsicherungen
1955, 40 Seiten, 6 Abb., 4 Tabellen, DM 8,40

HEFT 188
W. Kinnebrock, Langenberg (Rhld.)
Der Einfluß des Austausches gleicher Gaskochbrenner bzw. Gaskochbrennerteile auf den Wirkungsgrad und insbesondere auf den CO-Gehalt der Verbrennungsgase
1955, 42 Seiten, 7 Tabellen, DM 8,70

HEFT 189
Fa. E. Leybold's Nachfolger, Köln
I. Ausgewählte Kapitel aus der Vakuumtechnik
II. Zum Verlust anorganisch-nichtflüchtiger Substanzen während der Gefriertrocknung
1955, 52 Seiten, 16 Abb., 3 Tabellen, DM 11,20

HEFT 190
Prof. Dr. A. Neuhaus, Prof. Dr. O. Schmitz-DuMont und Dipl.-Chem. H. Reckhard, Bonn
Zur Kenntnis der Alkalititanate
1955, 60 Seiten, 13 Abb., 1 Tabelle, DM 12,20

HEFT 191
Dr. H. Söhngen, Darmstadt
Schwingungsverhalten eines Schaufelkranzes im Vakuum
1955, 36 Seiten, 7 Abb., DM 7,80

HEFT 192
Dipl.-Phys. E. M. Schneider, München
Kohlebogenlampen für Aufnahme und Kopie
1955, 48 Seiten, 21 Abb., 3 Tabellen, DM 10,60

HEFT 193
Prof. Dr. O. Schmitz-DuMont, Bonn
Untersuchungen über neue Pigmentfarbstoffe
1956, 50 Seiten, 16 Abb., 8 Tabellen, DM 11,20

HEFT 194
Dr. K. Hecht, Köln
Entwicklung neuartiger physikalischer Unterrichtsgeräte
1955, 42 Seiten, 16 Abb., DM 9,90

HEFT 195
Dr.-Ing. E. Rößger, Köln
Gedanken über einen neuen deutschen Luftverkehr
1955, 342 Seiten, 29 Abb., 122 Tabellen, DM 50,—

HEFT 196
Dipl.-Ing. W. Rohs, und Text.-Ing. H. Griese, Bielefeld
Auswirkungen von Garnfehlern bei der Verarbeitung von Leinengarnen
1955, 36 Seiten, 3 Abb., 6 Tabellen, DM 7,80

HEFT 197
Dr. E. Wedekind, Krefeld
Untersuchungen zur Bestimmung der optimalen Arbeitsplatzgröße bei Mehrstuhlarbeit in der Weberei
1955, 92 Seiten, 34 Abb., DM 18,50

HEFT 198
Prof. Dr. J. Weissinger, Karlsruhe
Zur Aerodynamik des Ringflügels. Die Druckverteilung dünner, fast drehsymmetrischer Flügel in Unterschallströmung
1955, 42 Seiten, 5 Abb., DM 9,—

HEFT 199
Textilforschungsanstalt Krefeld
Die Messung von Gewebetemperaturen mittels Temperaturstrahlung
1955, 50 Seiten, 12 Abb., DM 10,90

HEFT 200
R. Seipenbusch, Langenberg (Rhld.)
Spitzengas durch Zusatz von Flüssiggas-Wassergas- und Flüssiggas-Generatorgas-Gemischen zu Stadtgas
1955, 48 Seiten, 21 Abb., 10 Tabellen, DM 10,35

HEFT 201
Dr.-Ing. E. W. Pleines, Frankfurt/Main
Die Sicherheit im Luftverkehr
1956, 194 Seiten, 39 Abb., 19 Tabellen, DM 39,45

HEFT 202
Dipl.-Ing. D. Fiecke, Stuttgart/Zuffenhausen
Die Bestimmung der Flugzeugpolaren für Entwurfszwecke. I. Teil: Unterlagen
in Vorbereitung

HEFT 203
Dr. G. Wandel, Bonn
Uferbewachsung und Lebendverbauung an den Nordwestdeutschen Kanälen und ihren Zuflüssen sowie an der Ruhr
in Vorbereitung

HEFT 204
Dipl.-Ing. B. Naendorf, Langenberg (Rhld.)
Bestimmung der Brenneigenschaften und des Brennverhaltens verschiedener Gasarten und Einfluß verschiedener Düsengestaltung
1955, 32 Seiten, DM 7,10

HEFT 205
Dr. C. Schaarwächter, Düsseldorf
Über plastische Kupfer-Eisen-Phosphor-Legierungen
1956, 36 Seiten, 10 Abb., 10 Tabellen, DM 8,30

HEFT 206
Dr. P. Hölemann, Ing. R. Hasselmann und Ing. G. Dix, Dortmund
Untersuchungen über die Vorgänge bei der Zersetzung von in Azeton gelöstem Azetylen
1956, 74 Seiten, 7 Abb., 7 Tabellen, DM 15,55

HEFT 207
Prof. Dr.-Ing. H. Opitz, Dipl.-Ing. K. H. Fröhlich und Dipl.-Ing. H. Siebel, Aachen
Richtwerte für das Fräsen von unlegierten und legierten Baustählen mit Hartmetall. I. Teil
in Vorbereitung

HEFT 208
Prof. Dr.-Ing. H. Müller, Essen
Untersuchung von Elektrowärmegeräten für Laienbedienung hinsichtlich Sicherheit und Gebrauchsfähigkeit. I. Untersuchungen an Kochplatten
in Vorbereitung

HEFT 209
Dr. K. Bunge, Leverkusen
Materialabbau in Funkenentladungen. Untersuchungen an Zinkkathoden
1956, 54 Seiten, 10 Abb., 5 Tabellen, DM 11,40

HEFT 210
Dr. W. Porschen und Prof. Dr. W. Riezler, Bonn
Langlebige Alphaaktivitäten bei natürlichen Elementen
1955, 40 Seiten, 5 Abb., 4 Tabellen, DM 8,80

HEFT 211
Prof. Dipl.-Ing. W. Sturtzel und Dr.-Ing. W. Graff, Duisburg
Die Versuchsanstalt für Binnenschiffbau, Duisburg
1956, 48 Seiten, 22 Abb., DM 11,—

HEFT 212
Dipl.-Ing. H. Spodig, Selm
Untersuchung zur Anwendung der Dauermagnete in der Technik
1955, 44 Seiten, 25 Abb., DM 9,80

HEFT 213
Dipl.-Ing. K. F. Rittinghaus, Aachen
Zusammenstellung eines Meßwagens für Bau- und Raumakustik
in Vorbereitung

HEFT 214
Dr.-Ing. J. Endres, München
Berechnung der optimalen Leistungen, Kraftstoffverbräuche und Wirkungsgrade von Einkreis-Turbolader-Strahltriebwerken am Boden und in der Höhe bei Fluggeschwindigkeiten von 0—2000 km/h
1956, 72 Seiten, 18 Abb., 8 Tabellen, DM 15,40

HEFT 215
Prof. Dr.-Ing. H. Opitz und Dr.-Ing. G. Weber, Aachen
Einfluß der Wärmebehandlung von Baustählen auf Spanentstehung, Schnittkraft- und Standzeitverhalten
in Vorbereitung

HEFT 216
Dr. E. Kloth, Köln
Untersuchungen über die Ausbreitung kurzer Schallimpulse bei der Materialprüfung mit Ultraschall
1956, 90 Seiten, 60 Abb., 4 Tabellen, DM 19,40

HEFT 217
Rationalisierungskuratorium der Deutschen Wirtschaft (RKW), Frankfurt/Main
Typenvielzahl bei Haushaltgeräten und Möglichkeiten einer Beschränkung
1956, 328 Seiten, 2 Abb., 181 Tabellen, DM 49,50

HEFT 218
Dr. F. Keune, Aachen
Bericht über eine Theorie der Strömung um Rotationskörper ohne Anstellung bei Machzahl Eins
1955, 40 Seiten, 8 Abb., 5 Formelblätter, DM 8,80

HEFT 219
Prof. Dr. W. Fuchs, Aachen
Untersuchungen zur Holzabfallverwertung und zur Chemie des Lignins
1955, 54 Seiten, 11 Abb., 15 Tabellen, DM 11,40

WESTDEUTSCHER VERLAG · KÖLN UND OPLADEN

HEFT 220
Prof. Dr. W. Fuchs, Aachen
Die Entwicklung neuer Regel- und Kontroll-Apparate zur coulometrischen Analyse
1956, 76 Seiten, 17 Abb., 23 Tabellen, DM 15,50

HEFT 221
Dr. W. Meyer-Eppler, Bonn
Experimentelle Untersuchungen zum Mechanismus von Stimme und Gehör in der lautsprachlichen Kommunikation
1955, 56 Seiten, 24 Abb., DM 13,45

HEFT 222
Dr. L. Köllner, Münster, und Dipl.-Volkswirt M. Kaiser, Bochum
Die internationale Wettbewerbsfähigkeit der westdeutschen Wollindustrie
1956, 214 Seiten, DM 39,50

HEFT 223
Dr.-Ing. K. Alberti und Dr. F. Schwarz, Köln
Über das Problem Hartbrand - Weichbrand
1956, 54 Seiten, 25 Abb., 14 Tabellen, DM 12,10

HEFT 224
Dipl.-Ing. H. Stüdeman und Ing. R. Beu, Solingen
Verfahren zur Prüfung der Korrosionsbeständigkeit von Messerklingen aus rostfreiem Stahl
1956, 82 Seiten, 28 Abb., DM 16,90

HEFT 225
Dr.-Ing. E. Barz, Remscheid
Der Spannungszustand von Gattersägeblättern
in Vorbereitung

HEFT 226
Technisch-wissenschaftliches Büro für die Bastfaserindustrie, Bielefeld
Untersuchungen zur Verbesserung des Leinenwebstuhles IV
Die Wirkung verschiedener Kettbaumbremsen auf die Verwebung von Leinengarnen
1956, 64 Seiten, 9 Abb., 4 Tabellen, DM 13,50

HEFT 227
Prof. Dr. F. Wever, Düsseldorf und Dr. W. Wepner, Köln
Untersuchung der Alterungsneigung von weichen unlegierten Stählen durch Härteprüfung bei Temperaturen bis 300 Grad C
1956, 34 Seiten, 20 Abb., 3 Tabellen, DM 7,95

HEFT 228
Prof. Dr. F. Wever, Dr. W. Koch, Düsseldorf und Dr. B. A. Steinkopf, Dortmund
Spektrochemische Grundlagen der Analyse von Gemischen aus Kohlenmonoxyd, Wasserstoff und Stickstoff
in Vorbereitung

HEFT 229
Prof. Dr. F. Wever, Dr. W. Koch und Dr.-Ing. H. Malissa, Düsseldorf
Über die Anwendung disubstituierter Dithiocarbamate der analytischen Chemie
1956, 44 Seiten, 30 Abb., 5 Tabellen, DM 10,50

HEFT 230
Prof. Dr. F. Wever, Düsseldorf und Dr. W. Wepner, Köln
Bestimmung kleiner Kohlenstoffgehalte im Alpha-Eisen durch Dämpfungsmessung
1956, 34 Seiten, 5 Abb., 2 Tabellen, DM 7,70

HEFT 231
Dr.-Ing. W. Küch, Dortmund
Über die Wechselwirkung zwischen Holzschutzbehandlung und Verleimung
1956, 48 Seiten, 10 Abb., 8 Tabellen, DM 10,40

HEFT 232
Prof. Dr.-Ing. O. Kienzle, Hannover und Dr.-Ing. H. Münnich, Schweinfurt
Feststellung der Spannungen und Dehnungen und Bruchdrehzahlen der unter Fliehkraft und Bearbeitungskraft beanspruchten Schleifkörper
in Vorbereitung

HEFT 233
Dr. H. Haase, Hamburg
Infrarot-Bibliographie
1956, 90 Seiten, DM 17,80

HEFT 234
Dr.-Ing. K. G. Speith und Dr.-Ing. A. Bungeroth, Duisburg
Versuche zur Steigerung des Kokillen-Schluckvermögens beim Stranggießen von Stahl
1956, 26 Seiten, 5 Abb., DM 6,15

HEFT 235
Prof. Dr.-Ing. K. Leist und Dipl.-Ing. W. Dettmering, Aachen
Turbinenschaufeln aus Kunststoff für Kaltluftversuchsanlagen
1956, 46 Seiten, 43 Abb., 3 Tabellen, DM 12,30

HEFT 236
Dr.-Ing. O. Viertel und S. Lucas, Krefeld
Ergebnisse einer Hausfrauenbefragung über Wascheinrichtungen und Waschmethoden in städtischen Haushaltungen
1956, 34 Seiten, 4 Abb., DM 7,60

HEFT 237
Dr. P. Endler und Dr. H. Ludes, Köln
Bericht über eine Studienreise zur Orientierung der heutigen Behandlung der Lungentuberkulose in den Vereinigten Staaten von Nordamerika
1956, 32 Seiten, DM 7,10

HEFT 238
Institut für textile Meßtechnik, M.-Gladbach, e.V.
Untersuchung der Verzugsvorgänge an den Streckwerken verschiedener Spinnereimaschinen. 3. Bericht: Theoretische Betrachtungen über den Einfluß schlagender Zylinder und Druckrollen
in Vorbereitung

HEFT 239
Prof. Dr.-Ing. K. Leist und Dipl.-Ing. H. Scheele, Aachen und Dipl.-Ing. F. H. Flottmann, Herne
Versuche an einem neuartigen luftgekühlten Hochleistungs-Kolbenkompressor
in Vorbereitung

HEFT 240
Prof. Dr.-Ing. K. Leist und Dipl.-Ing. H. Scheele, Aachen
Temperaturmessungen an einem einstufigen luftgekühlten 4-Zylinder-Kolbenkompressor mit Kühlgebläse
in Vorbereitung

HEFT 241
Prof. Dr.-Ing. K. Leist und Dipl.-Ing. M. Pötke, Aachen
Leistungsversuche an einem Kühlluftgebläse
in Vorbereitung

HEFT 242
Prof. Dr.-Ing. K. Leist und Dipl.-Ing. K. Graf, Aachen
Straßenfahrzeuge mit Gasturbinenantrieb
in Vorbereitung

HEFT 243
Prof. Dr.-Ing. K. Leist und Dipl.-Ing. S. Förster, Aachen
Die französische Kleingasturbine Artouste — 1. Teil
in Vorbereitung

HEFT 244
Prof. Dr. F. Wever, Dr. W. Koch und Dr. S. Eckhard, Düsseldorf
Erfahrungen mit der spektrochemischen Analyse von Gefügebestandteilen des Stahles
1956, 32 Seiten, 8 Abb., 2 Tabellen, DM 7,80

HEFT 245
Prof. Dr.-Ing. K. Krekeler, Aachen
Das Verbinden von Metallen durch Kunstharzkleber. Teil I: Eigenschaften und Verwendung der Metallklebstoffe
1956, 48 Seiten, 8 Abb., DM 10,25

HEFT 246
Prof. Dr.-Ing. K. Krekeler, Aachen
Das Verbinden von Metallen durch Kunstharzkleber. Teil II: Untersuchungen an geklebten Leichtmetall-Verbindungen
in Vorbereitung

HEFT 247
Dr. H. Söhngen, Darmstadt
Strömung vor einem Überschall-Laufrad
1956, 26 Seiten, 4 Abb., DM 7,60

HEFT 248
Rheinische Aktiengesellschaft für Braunkohlenbergbau und Brikettfabrikation, Köln
Untersuchung der Bindemitteleigenschaften von Braunkohlenfilteraschen
in Vorbereitung

HEFT 249
Dr. M.-E. Meffert, Essen
Weitere Kulturversuche Scenedesmus obliquus
1956, 36 Seiten, 5 Abb., 10 Tabellen, DM 8,—

HEFT 250
Dr. F. Schwarz und Dr.-Ing. K. Alberti, Köln
Entwicklung von Untersuchungsverfahren zur Gütebeurteilung von Industriekalken
in Vorbereitung

HEFT 251
Prof. Dr. H. Bittel, Münster
Zur Statistik der ferromagnetischen Elementarvorgänge und ihren Einfluß auf das Barkhausenrauschen
in Vorbereitung

HEFT 252
Dipl.-Ing. H. Frings, Geilenkirchen
Die Wirkung abfallender Wetterführung auf Wettertemperatur, Grubengasgehalt und Staubbildung
in Vorbereitung

HEFT 253
Dipl.-Ing. S. Schirmanski, Berghausen
Stand und Auswertung der Forschungsarbeiten über Temperatur- und Feuchtigkeitsgrenzen bei der bergmännischen Arbeit
in Vorbereitung

HEFT 254
Prof. Dr. R. Danneel, Bonn
Quantitative Untersuchungen über die Entwicklung des Ehrlich-Ascitesturmors bei Inzuchtmäusen
in Vorbereitung

HEFT 255
Ing. B. v. Schlippe, Bad Nauheim
Strömung von Flüssigkeiten mit temperaturabhängiger Zähigkeit (Kühlung von Ölen)
1956, 54 Seiten, 12 Abb., 4 Tabellen, DM 11,70

HEFT 256
Prof. Dr. C. Schmieden und Dipl.-Math. K. H. Müller, Darmstadt
Die Strömung einer Quellstrecke im Halbraum — eine strenge Lösung der Navier-Stokes-Gleichungen
1956, 40 Seiten, 9 Abb., DM 8,80

HEFT 257
Prof. Dr. G. Lehmann und Dr. J. Tamm, Dortmund
Die Beeinflussung vegetativer Funktionen des Menschen durch Geräusche
in Vorbereitung

HEFT 258
Dr. H. Paul, Linz (Rhein) und Prof. Dr. O. Graf, Dortmund
Zur Frage der Unfälle im Bergbau
1956, 52 Seiten, 9 Abb., 22 Tabellen, DM 11,20

HEFT 259
Prof. Dr. W. Linke, Aachen
Strömungsvorgänge in künstlich belüfteten Räumen
1956, 52 Seiten, 37 Abb., 1 Tabelle, DM 11,80

HEFT 260
Prof. Dr. W. Kast, Freiburg (Br.), Prof. Dr. A. H. Stuart und Dipl.-Phys. H. G. Fendler, Hannover
Lichtzerstreuungsmessungen an Lösungen hochpolymerer Stoffe
in Vorbereitung

HEFT 261
Prof. Dr. W. Kast, Freiburg (Br.)
Feinstruktur-Untersuchungen an künstlichen Zellulosefasern verschiedener Herstellungsverfahren. Teil II: Der Kristallisationszustand
in Vorbereitung

HEFT 262
Dr.-Ing. W. Batel, Aachen
Untersuchungen zur Absiebung feuchter, feinkörniger Haufwerke und Schwingsieben
in Vorbereitung

HEFT 263
Prof. Dr. H. Lange und Dipl.-Phys. R. Kohlhaas, Köln
Über die Wärmeleitfähigkeit von Stählen bei hohen Temperaturen: Teil I: Literaturbericht
in Vorbereitung

HEFT 264
Prof. Dr. W. Weizel, Bonn
Durch schnelle Funkenzusammenbrüche ausgelöste Signale auf einer Leitung
1956, 26 Seiten, 4 Abb., 5 Tabellen, DM 6,10

HEFT 265
Prof. Dr. F. Micheel und Dr. R. Engel, Münster
Eine Apparatur zur elektrophoretischen Trennung von Stoffgemischen
in Vorbereitung

HEFT 266
Fliesen-Beratungsstelle Bad Godesberg-Mehlem
Güteeigenschaften keramischer Wand- und Bodenfliesen und deren Prüfmethoden
1956, 32 Seiten, DM 7,10

HEFT 267
Prof. Dr. W. Weizel und B. Brandt, Bonn
Zur Stabilität stromstarker Glimmentladungen
1956, 36 Seiten, 7 Abb., DM 8,40

HEFT 268
Prof. Dr.-Ing. G. Vogelpohl, Göttingen
Über die Tragfähigkeit von Gleitlagern und ihre Berechnung
in Vorbereitung

WESTDEUTSCHER VERLAG · KÖLN UND OPLADEN

HEFT 269
Markscheider R. Bals, Bochum
Eignung des Gebirgsankerausbaus zur Erleichterung des Streckenvortriebs im Steinkohlenbergbau
in Vorbereitung

HEFT 270
Dr. H. Krebs und Mitarbeiter, Bonn
Die Trennung von Racematen auf chromatographischem Wege
in Vorbereitung

HEFT 271
Prof. Dr.-Ing. H. Opitz und Dipl.-Ing. H. Axer, Aachen
Beeinflussung des Verschleißverhaltens bei spanenden Werkzeugen durch flüssige und gasförmige Kühlmittel und elektrische Maßnahmen
in Vorbereitung

HEFT 272
Prof. Dr. W. Fuchs und Dr. H. Dresia, Aachen
Untersuchungen über die Schnellverbrennung und Schnellvergasung fester Brennstoffe
in Vorbereitung

HEFT 273
Fa. K. W. Tacke G.m.b.H., Wuppertal-Barmen
Erfahrungen beim Verspinnen von Perlonfasern und bei der Herstellung von Trikotagen aus gesponnenem Perlon
in Vorbereitung

HEFT 274
Prof. Dr.-Ing. K. Krekeler und Dipl.-Ing. H. Verhoeven, Aachen
Qualitative Untersuchungen bei Verbindungsschweißungen mittels Lichtbogenschweißautomaten unter Verwendung von Blankdraht und Zugabe von ferromagnetischem Pulver als Umhüllung
in Vorbereitung

HEFT 275
Prof. Dr.-Ing. K. Krekeler und Dipl.-Ing. H. Verhoeven, Aachen
Qualitative Untersuchungen von Punktschweißverbindungen an Tiefzieh- und Aluminiumblechen, die nach dem Argonarc-Punktschweißverfahren hergestellt werden
in Vorbereitung

HEFT 276
Fa. E. Haage, Mülheim (Ruhr)
Entwicklungsarbeiten im Apparatebau für Laboratorien
in Vorbereitung

HEFT 277
Dr.-Ing. W. Müchler, Essen
Untersuchung und zahlenmäßige Bestimmung der Schneideigenschaften von Messern mit besonderer Berücksichtigung rostfreier Messerstähle
in Vorbereitung

HEFT 278
Dipl.-Ing. J. Stelter und Dipl.-Ing. H. Kickert, Aachen
I. Sichtbarmachung von Ultraschallfeldern unter Verwendung photographischer Emulsionsschichten
II. Methode zur Bestimmung der wirklichen Temperaturverhältnisse in Flüssigkeiten während der Beschallung (Nach einer Diplom-Arbeit von H. Schnitzler)
in Vorbereitung

HEFT 279
Dr. F. Keune, Aachen
Der gewölbte und verwundene Tragflügel ohne Dicke in Schallnähe
in Vorbereitung

HEFT 280
Dipl.-Ing. J. Stelter und Dipl.-Ing. E. Pfende, Aachen
Über Störerscheinungen bei Schallgeschwindigkeitsmessungen mittels der Interferometermethode
in Vorbereitung

HEFT 281
Prof. Dr.-Ing. K. Lürenbaum, Aachen
Der Meßwagen des Instituts für Maschinen-Dynamik der Deutschen Versuchsanstalt für Luftfahrt, Aachen
in Vorbereitung

HEFT 282
Bergrat a. D. Scherer, Bochum
Das B.T.-Schwelverfahren und seine Anwendung auf der Anlage Marienau
in Vorbereitung

HEFT 283
Prof. Dr. F. Wever und Dr.-Ing. W. Lueg, Düsseldorf
Warmstauchversuche zur Ermittlung der Formänderungsfestigkeit von Gesenkschmiede-Stählen

HEFT 284
Prof. Dr. F. Wever, Düsseldorf, Dr.-Ing. H. J. Wiester, Essen, Dr.-Ing. F. W. Straßburg, Duisburg, Prof. Dr.-Ing. H. Opitz, Aachen, und Dr.-Ing. K. H. Fröhlich, Köln
Einfluß des Gefüges auf die Zerspanbarkeit von Einsatz- und Vergütungsstählen
in Vorbereitung

HEFT 285
Prof. Dr.-Ing. O. Kienzle, Dr.-Ing. K. Lange, Hannover, und Dipl.-Ing. H. Meinert, Osterode
Einfluß der Oberfläche auf das Verschleißverhalten von Schmiedegesenken
in Vorbereitung

HEFT 286
Dr.-Ing. K. Lange, Hannover, Dipl.-Ing. H. Meinert, Osterode, unter Mitarbeit von Dr.-Ing. H. Arend, Mülheim (Ruhr)
Verschleißverhalten hartverchromter Schmiedegesenke
in Vorbereitung

HEFT 287
Prof. Dr.-Ing. K. Krekeler, Aachen
Änderungen der mechanischen Eigenschaftswerte thermoplastischer Kunststoffe bei Beanspruchung in verschiedenen Medien
in Vorbereitung

HEFT 288
Dr. K. Brücker-Steinkuhl, Düsseldorf
Anwendung mathematisch-statistischer Verfahren in der Industrie
in Vorbereitung

HEFT 289
Prof. Dr.-Ing. H. Winterhager, Aachen
Kombinierter Widerstands- und Lichtbogen-Vakuumofen zur Verarbeitung von Titanschwamm
Prof. Dr. Dr. h. c. R. Schwarz, Aachen
Erforschung neuer Wege zur Darstellung von Titanmetall
in Vorbereitung

HEFT 290
Dr. D. Horstmann, Düsseldorf
I. Der verstärkte Angriff des Zinks auf Eisen im Temperaturgebiet um 500° C
II. Einfluß eines Antimongehaltes auf den Angriff von Zinkschmelzen auf Eisen
in Vorbereitung

HEFT 291
Dr.-Ing. H. J. Wiester und Dr. D. Horstmann, Düsseldorf
Der Angriff eisengesättigter Zinkschmelzen auf silizium- und manganhaltiges Eisen
in Vorbereitung

HEFT 292
Dipl.-Ing. W. Rohs und Text.-Ing. H. Griese, Bielefeld
Webversuche an Leinenwebstühlen mit verbesserter Schaftbewegung
in Vorbereitung

HEFT 293
Prof. J. W. Korte, unter Mitarbeit von Dipl.-Ing. P. A. Mäcke und Dipl.-Ing. W. Leutzbach, Aachen
Die Leistungsfähigkeit von Verkehrsanlagen des motorisierten städtischen Straßenverkehrs
in Vorbereitung

HEFT 294
Dipl.-Ing. B. Naendorf, Essen
Untersuchungen industrieller Gasbrenner
in Vorbereitung

HEFT 295
Prof. Dr.-Ing. H. Opitz und Dipl.-Ing. H. Axer, Aachen
Untersuchung und Weiterentwicklung neuartiger elektrischer Bearbeitungsverfahren
in Vorbereitung

HEFT 296
Prof. Dr.-Ing. H. Opitz, Aachen
I. Untersuchungen an elektronischen Regelantrieben
II. Statistische Untersuchungen zur Ausnutzung von Drehbänken
in Vorbereitung

HEFT 297
Dr. K. Schaarwächter, Düsseldorf
Die Reduktion von Siliziumtetrachlorid im Lichtbogen zur nachfolgenden Silizierung von Eisenblechen
in Vorbereitung

HEFT 298
Prof. Dr.-Ing. E. Oehler, Aachen
Untersuchung von kritischen Drehzahlen, die durch Kreiselmomente verursacht werden

HEFT 299
Dr. J. Fassbender und W. Hoppe, Bonn
Eine photoelektrische Nachlaufeinrichtung für Analogie-Rechenmaschinen
in Vorbereitung

HEFT 300
Prof. Dr. E. Schütz und Privatdozent Dr. H. Caspers, Münster
Tierexperimentelle Untersuchungen über die Alkoholwirkungen auf Erregbarkeit und bioelektrische Spontanaktivität der Hirnrinde
in Vorbereitung

HEFT 301
Prof. Dr. W. Weltzien, Dr. G. Cossmann und P. Diehl, Krefeld
Über die fraktionierte Füllung von Polyamiden (II)
in Vorbereitung

HEFT 302
Prof. Dr.-Ing. W. Wegener und Dipl.-Ing. Willi Zahn, Aachen
Untersuchungen von gesponnenen Garnen auf ihre Gleichmäßigkeit nach verschiedenen Meßmethoden
in Vorbereitung

HEFT 303
Prof. Dr.-Ing. S. Kiesskalt, Aachen
Das Institut der Forschungsgesellschaft Verfahrenstechnik e. V. an der Technischen Hochschule Aachen
in Vorbereitung

HEFT 304
Prof. Dr.-Ing. K. Krekeler, Düsseldorf, und Dipl.-Ing. A. Kleine-Albers, Aachen
Beitrag zur thermoelastischen Warmformbarkeit von Hart PVC
in Vorbereitung

HEFT 305
Prof. Dr.-Ing. K. Krekeler, Düsseldorf, Dr.-Ing. H. Peukert, Aachen, und Dipl.-Ing. W. Schmitz, Siegburg
Heißgas-Schweißung von Hart-Polyvinylchlorid mit Zusatzwerkstoff
in Vorbereitung

HEFT 306
Prof. Dr. B. Rensch, Münster
Elektrophysiologische Untersuchungen zur Analysierung der Bildung von Assoziationen und Gedächtnisspuren in Gehirn und Rückenmark
Prof. Dr. A. Loeser, Münster
Akute und chronische Giftwirkungen sauerstoffhaltiger Lösungsmittel
in Vorbereitung

HEFT 307
Privatdozent Dr. J. Juilfs, Krefeld
Vergleichende Untersuchungen zur elastischen und bleibenden Dehnung von Fasern
in Vorbereitung

HEFT 308
Privatdozent Dr. J. Juilfs, Krefeld
Zur Messung der Fadenglätte
in Vorbereitung

HEFT 309
Prof. Dr. K. Cruse und Mitarbeiter, Clausthal-Zellerfeld
Aufbau und Arbeitsweise eines universell verwendbaren Hochfrequenz-Titrationsgerätes
in Vorbereitung

HEFT 310
Dr. P. F. Müller, Bonn
Die Integrieranlage des Rheinisch-Westfälischen Instituts für Instrumentelle Mathematik in Bonn
in Vorbereitung

HEFT 311
Prof. Dr. F. Wever und Dr. M. Hempel, Düsseldorf
Dauerschwingfestigkeit von Stählen bei erhöhten Temperaturen
Teil 1: Erkenntnisse aus bisherigen Dauerschwingversuchen in der Wärme
in Vorbereitung

HEFT 312
Prof. Dr. F. Wever und Dr. M. Hempel, Düsseldorf
Dauerschwingfestigkeit von Stählen bei erhöhten Temperaturen
Teil II: Zug-Druck-Dauerschwingversuche an zwei warmfesten Stählen bei Temperaturen von 500 bis 650°
in Vorbereitung

HEFT 313
Prof. Dr. F. Wever, Dr. W. Koch und Dipl.-Phys. H. Rohde, Düsseldorf
Änderungen des Habitus und der Gitterkonstanten des Zementits in Chromstählen bei verschiedenen Wärmebehandlungen
in Vorbereitung

WESTDEUTSCHER VERLAG · KÖLN UND OPLADEN

HEFT 314
Prof. Dr. F. Wever und Dr.-Ing. A. Krisch, Düsseldorf, und Dr.-Ing. H.-J. Wiester, Essen
Veränderungen im Gefügeaufbau von Chrom-Nickel-Molybdän-Stählen bei langzeitiger Beanspruchung im Zeitstandversuch bei 500°
in Vorbereitung

HEFT 315
Prof. Dr. F. Wever und Dr.-Ing. A. Krisch, Düsseldorf
Metallkundliche Untersuchungen an Zeitstandproben
in Vorbereitung

HEFT 316
Dr. F. Keune, Aachen
Zusammenfassende Darstellung und Erweiterung des Aequivalenzsatzes für schallnahe Strömung
in Vorbereitung

HEFT 317
Dr.-Ing. J. Stelter, Aachen
Mikrobiologische Ultraschallwirkungen
in Vorbereitung

HEFT 318
Dipl.-Ing. H. Kickert, Aachen
Über die Ausbreitung von Ultraschall in Luft
in Vorbereitung

HEFT 319
Prof. Dr. C. Kröger, Aachen
Gemengereaktionen und Glasschmelze
in Vorbereitung

HEFT 320
Dr. H.-E. Caspary, Köln
Verwendung von Szintillationszählern anstelle von Zählrohren zur zerstörungsfreien Materialprüfung
in Vorbereitung

HEFT 321
Prof. Dr. F. Wever, Düsseldorf und Dr. W. Wepner, Köln
Gleichzeitige Bestimmung kleiner Kohlenstoff- und Stickstoffgehalte im α-Eisen durch Dämpfungsmessung
in Vorbereitung

HEFT 322
Prof. Dr.-Ing. F. Bollenrath und Dipl.-Ing. W. Domke, Aachen
Eigenspannungen in vergüteten, dickwandigen Stahlzylindern nach Oberflächenhärtung mit induktiver Erwärmung
in Vorbereitung

HEFT 323
Prof. Dr. R. Seyffert, Köln
Wege und Kosten der Distribution der Textilien, Schuh- und Lederwaren
in Vorbereitung

HEFT 324
Prof. Dr.-Ing. H. Opitz, Dr.-Ing. E. Salje und Dipl.-Ing. K. E. Schwartz, Aachen
Richtwerte für das Außenrund-Längs- und Einstechschleifen
in Vorbereitung

HEFT 325
Prof. Dr. E. Schratz, Münster
Pharmakognostische Untersuchungen am Medizinal-Rhabarber
in Vorbereitung

HEFT 326
Prof. Dr.-Ing. E. Essers und Mitarbeiter, Aachen
Deichselkräfte an Lastzügen
in Vorbereitung

HEFT 327
Prof. Dr.-Ing. K. Krekeler und Dr.-Ing. H. Peukert, Aachen
Beitrag zur thermoelastischen Formbarkeit von Polyäthylen
in Vorbereitung

HEFT 328
Dr. H. Maeder, Belo Horizonte
Schweißen von Temperguß
in Vorbereitung

HEFT 329
Dipl.-Ing. A. Krüger, Karlsruhe, und Feuerwehr-Ing. R. Radusch, Dortmund
Wasserzerstäubung im Strahlrohr
in Vorbereitung

HEFT 330
Dipl.-Physiker E. Pepping, Aachen
Die Durchflußzahl des Rechteckschlitzes in einer sehr großen Wand
in Vorbereitung

HEFT 331
Dipl.-Ing. G. Bretschneider, Ruit
Die Messung der wiederkehrenden Spannung mit Hilfe des Netzmodelles
in Vorbereitung

HEFT 332
Prof. Dr.-Ing. R. Jaeckel und Dr. G. Reich, Bonn
Messung von Dampfdrucken im Gebiet unter 10^{-2} Torr
in Vorbereitung

HEFT 333
Prof. Dipl.-Ing. W. Sturtzel und Dr.-Ing. W. Graff, Duisburg
I. Der Flachwassereinfluß auf den Form- und Reibungswiderstand von Binnenschiffen
II. Der Flachwassereinfluß auf die Nachstrom- und Sogverhältnisse bei Binnenschiffen
in Vorbereitung

HEFT 334
Prof. Dr. W. Weizel und Dr. G. Meister, Bonn
Spektralanalyse durch Messung des Interferenz-Kontrasts
in Vorbereitung

HEFT 335
Prof. Dr. W. Weizel und H. Hornberg, Bonn
Untersuchungen der anodischen Teile einer Glimmentladung
in Vorbereitung

HEFT 336
Dr. Tung-ping Yao, Aachen
Die Viskosität metallischer Schmelzen
in Vorbereitung

HEFT 337
Dr. R. Hoeppener und Dr. W. Biertber, Bonn
Tektonik und Lagerstätten im Rheinischen Schiefergebirge
in Vorbereitung

HEFT 338
Prof. Dr.-Ing. W. Wegener, Aachen, und Dipl.-Ing. J. Schneider, M.-Gladbach
Die Bedeutung der Knotenart für die Herabminderung der Fadenbrüche
in Vorbereitung

HEFT 339
Prof. Dr.-Ing. W. Wegener und Dipl.-Ing. W. Zahn, Aachen
Vergleich des normalen mit verschiedenen abgekürzten Baumwollspinnverfahren in bezug auf Gleichmäßigkeit und Sortierungsstreuung der Garne
in Vorbereitung

HEFT 340
Dipl.-Ing. W. Rohs und Dipl.-Ing. R. Otto, Bielefeld
Das Naßspinnen von Bastfasergarnen mit Spinnbadzusätzen unter Ausnutzung einer zentralen Spinnwasserversorgungsanlage
in Vorbereitung

HEFT 341
Prof. Dr.-Ing. H. Winterhager und Dipl.-Ing. L. Werner, Aachen
Präzisions-Meßverfahren zur Bestimmung des elektrischen Leitvermögens geschmolzener Salze
in Vorbereitung

HEFT 342
Prof. Dr.-Ing. H. Winterhager und Dipl.-Ing. W. Barthel, Aachen
Die Gewinnung von Titanschlackenkonzentraten aus eisenreichen Ilemniten
in Vorbereitung

HEFT 343
Prof. Dr.-Ing. W. Petersen, Aachen, und Dipl.-Ing. S. Wawroschek, Aachen
Die zweckmäßigsten Gütebestimmungsverfahren und Brikettierungsbedingungen bei der Erzeugung von Braunkohlen-Eisenerz-Briketts
in Vorbereitung

HEFT 344
Prof. Dr.-Ing. W. Fucks, Aachen
Zur Deutung einfachster mathematischer Sprachcharakteristiken
in Vorbereitung

HEFT 345
Dipl.-Ing. G. Cerbe und Dipl.-Ing. H. Monstadt, Essen
Konvektive Trocknung mit gasbeheizter Luft und Trocknung durch Gasstrahler
in Vorbereitung

HEFT 346
Dipl.-Ing. O. Arnold, Aachen
Erfahrungen mit Kernbohrungen zur Lagerstättenuntersuchung im Erzbergbau
in Vorbereitung

HEFT 347
S. Ruff, F. Kipp, H. Hansteen und G. Müller, Bonn
Untersuchungen zur Frage der Gehörschädigungen des fliegenden Personals der Propellerflugzeuge
in Vorbereitung

WESTDEUTSCHER VERLAG · KÖLN UND OPLADEN

VERÖFFENTLICHUNGEN DER ARBEITSGEMEINSCHAFT FÜR FORSCHUNG DES LANDES NORDRHEIN-WESTFALEN

NATURWISSENSCHAFTEN

Im Auftrage des Ministerpräsidenten Fritz Steinhoff
herausgegeben von Staatssekretär Prof. Leo Brandt

HEFT 1
Prof. Dr.-Ing. Friedrich Seewald, Aachen
Neue Entwicklungen auf dem Gebiet der Antriebsmaschinen
Prof. Dr.-Ing. Friedrich A. F. Schmidt, Aachen
Technischer Stand und Zukunftsaussichten der Verbrennungsmaschinen, insbesondere der Gasturbinen
Dr.-Ing. Rudolf Friedrich, Mülheim (Ruhr)
Möglichkeiten und Voraussetzungen der industriellen Verwertung der Gasturbine
1951, 52 Seiten, 15 Abb., kartoniert, DM 2,75

HEFT 2
Prof. Dr.-Ing. Wolfgang Riezler, Bonn
Probleme der Kernphysik
Prof. Dr. Fritz Micheel, Münster
Isotope als Forschungsmittel in der Chemie und Biochemie
1951, 40 Seiten, 10 Abb., kartoniert, DM 2,40

HEFT 3
Prof. Dr. Emil Lehnartz, Münster
Der Chemismus der Muskelmaschine
Prof. Dr. Gunther Lehmann, Dortmund
Physiologische Forschung als Voraussetzung der Bestgestaltung der menschlichen Arbeit
Prof. Dr. Heinrich Kraut, Dortmund
Ernährung und Leistungsfähigkeit
1951, 60 Seiten, 35 Abb., kartoniert, DM 3,50

HEFT 4
Prof. Dr. Franz Wever, Düsseldorf
Aufgaben der Eisenforschung
Prof. Dr.-Ing. Hermann Schenck, Aachen
Entwicklungslinien des deutschen Eisenhüttenwesens
Prof. Dr.-Ing. Max Haas, Aachen
Wirtschaftliche Bedeutung der Leichtmetalle und ihre Entwicklungsmöglichkeiten
1952, 60 Seiten, 20 Abb., kartoniert, DM 3,50

HEFT 5
Prof. Dr. Walter Kikuth, Düsseldorf
Virusforschung
Prof. Dr. Rolf Danneel, Bonn
Fortschritte der Krebsforschung
Prof. Dr. Dr. Werner Schulemann, Bonn
Wirtschaftliche und organisatorische Gesichtspunkte für die Verbesserung unserer Hochschulforschung
1952, 50 Seiten, 2 Abb., kartoniert, DM 2,75

HEFT 6
Prof. Dr. Walter Weizel, Bonn
Die gegenwärtige Situation der Grundlagenforschung in der Physik
Prof. Dr. Siegfried Strugger, Münster
Das Duplikantenproblem in der Biologie
Direktor Dr. Fritz Gummert, Essen
Überlegungen zu den Faktoren Raum und Zeit im biologischen Geschehen und Möglichkeiten einer Nutzanwendung
1952, 64 Seiten, 20 Abb., kartoniert, DM 3,—

HEFT 7
Prof. Dr.-Ing. August Götte, Aachen
Steinkohle als Rohstoff und Energiequelle
Prof. Dr. Dr. E. h. Karl Ziegler, Mülheim (Ruhr)
Über Arbeiten des Max-Planck-Institutes für Kohlenforschung
1953, 66 Seiten, 4 Abb., kartoniert, DM 3,60

HEFT 8
Prof. Dr.-Ing. Wilhelm Fucks, Aachen
Die Naturwissenschaft, die Technik und der Mensch
Prof. Dr. Walther Hoffmann, Münster
Wirtschaftliche und soziologische Probleme des technischen Fortschritts
1952, 84 Seiten, 12 Abb., kartoniert, DM 4,80

HEFT 9
Prof. Dr.-Ing. Franz Bollenrath, Aachen
Zur Entwicklung warmfester Werkstoffe
Prof. Dr. Heinrich Kaiser, Dortmund
Stand spektralanalytischer Prüfverfahren und Folgerung für deutsche Verhältnisse
1952, 100 Seiten, 62 Abb., kartoniert, DM 6,—

HEFT 10
Prof. Dr. Hans Braun, Bonn
Möglichkeiten und Grenzen der Resistenzzüchtung
Prof. Dr.-Ing. Carl Heinrich Dencker, Bonn
Der Weg der Landwirtschaft von der Energieautarkie zur Fremdenergie
1952, 74 Seiten, 23 Abb., kartoniert, DM 4,30

HEFT 11
Prof. Dr.-Ing. Herwart Opitz, Aachen
Entwicklungslinien der Fertigungstechnik in der Metallbearbeitung
Prof. Dr.-Ing. Karl Krekeler, Aachen
Stand und Aussichten der schweißtechnischen Fertigungsverfahren
1952, 72 Seiten, 49 Abb., kartoniert, DM 5,—

HEFT 12
Dr. Hermann Rathert, Wuppertal-Elberfeld
Entwicklung auf dem Gebiet der Chemiefaser-Herstellung
Prof. Dr. Wilhelm Weltzien, Krefeld
Rohstoff und Veredlung in der Textilwirtschaft
1952, 84 Seiten, 29 Abb., kartoniert, DM 4,80

HEFT 13
Dr.-Ing. E. h. Karl Herz, Frankfurt a. M.
Die technischen Entwicklungstendenzen im elektrischen Nachrichtenwesen
Staatssekretär Prof. Leo Brandt, Düsseldorf
Navigation und Luftsicherung
1952, 102 Seiten, 97 Abb., kartoniert, DM 7,25

HEFT 14
Prof. Dr. Burckhardt Helferich, Bonn
Stand der Enzymchemie und ihre Bedeutung
Prof. Dr. Hugo Wilhelm Knipping, Köln
Ausschnitt aus der klinischen Carcinomforschung am Beispiel des Lungenkrebses
1952, 72 Seiten, 12 Abb., kartoniert, DM 4,30

HEFT 15
Prof. Dr. Abraham Esau †, Aachen
Ortung mit elektrischen und Ultraschallwellen in Technik und Natur
Prof. Dr.-Ing. Eugen Flegler, Aachen
Die ferromagnetischen Werkstoffe der Elektrotechnik und ihre neueste Entwicklung
1953, 84 Seiten, 25 Abb., kartoniert, DM 4,80

HEFT 16
Prof. Dr. Rudolf Seyffert, Köln
Die Problematik der Distribution
Prof. Dr. Theodor Beste, Köln
Der Leistungslohn
1952, 70 Seiten, 1 Abb., kartoniert, DM 3,50

HEFT 17
Prof. Dr.-Ing. Friedrich Seewald, Aachen
Luftfahrtforschung in Deutschland und ihre Bedeutung für die allgemeine Technik
Prof. Dr.-Ing. Edouard Houdremont, Essen
Art und Organisation der Forschung in einem Industrieforschungsinstitut der Eisenindustrie
1953, 90 Seiten, 4 Abb., kartoniert, DM 4,20

HEFT 18
Prof. Dr. Dr. Werner Schulemann, Bonn
Theorie und Praxis pharmakologischer Forschung
Prof. Dr. Wilhelm Groth, Bonn
Technische Verfahren zur Isotopentrennung
1953, 72 Seiten, 17 Abb., kartoniert, DM 4,—

HEFT 19
Dipl.-Ing. Kurt Traenckner, Essen
Entwicklungstendenzen der Gaserzeugung
1953, 26 Seiten, 12 Abb., kartoniert, DM 1,60

HEFT 20
M. Zvegintzow, London
Wissenschaftliche Forschung und die Auswertung ihrer Ergebnisse
Ziel und Tätigkeit der National Research Development Corporation
Dr. Alexander King, London
Wissenschaft und internationale Beziehungen
1954, 88 Seiten, kartoniert, DM 4,20

HEFT 21
Prof. Dr. Robert Schwarz, Aachen
Wesen und Bedeutung der Silicium-Chemie
Prof. Dr. Dr. h. c. Kurt Alder, Köln
Fortschritte in der Synthese von Kohlenstoffverbindungen
1954, 76 Seiten, 49 Abb., kartoniert, DM 4,—

HEFT 21a
Prof. Dr. Dr. h. c. Otto Hahn, Göttingen
Die Bedeutung der Grundlagenforschung für die Wirtschaft
Prof. Dr. Siegfried Strugger, Münster
Die Erforschung des Wasser- und Nährsalztransportes im Pflanzenkörper mit Hilfe der fluoreszenzmikroskopischen Kinematographie
1953, 74 Seiten, 26 Abb., kartoniert, DM 5,—

HEFT 22
Prof. Dr. Johannes von Allesch, Göttingen
Die Bedeutung der Psychologie im öffentlichen Leben
Prof. Dr. Otto Graf, Dortmund
Triebfedern menschlicher Leistung
1953, 80 Seiten, 19 Abb., kartoniert, DM 4,—

HEFT 23
Prof. Dr. Dr. h. c. Bruno Kuske, Köln
Zur Problematik der wirtschaftswissenschaftlichen Raumforschung
Prof. Dr.-Ing. E. h. Stephan Prager, Düsseldorf
Städtebau und Landesplanung
1954, 84 Seiten, kartoniert, DM 3,50

HEFT 24
Prof. Dr. Rolf Danneel, Bonn
Über die Wirkungsweise der Erbfaktoren
Prof. Dr. Kurt Herzog, Krefeld
Bewegungsbedarf der menschlichen Gliedmaßengelenke bei der Berufsarbeit
1953, 76 Seiten, 18 Abb., kartoniert, DM 4,—

WESTDEUTSCHER VERLAG · KÖLN UND OPLADEN

HEFT 25
Prof. Dr. Otto Haxel, Heidelberg
Energiegewinnung aus Kernprozessen
Dr.-Ing. Dr. Max Wolf, Düsseldorf
Gegenwartsprobleme der energiewirtschaftlichen Forschung
    1953, 98 Seiten, 27 Abb., kartoniert, DM 5,25

HEFT 26
Prof. Dr. Friedrich Becker, Bonn
Ultrakurzwellenstrahlung aus dem Weltraum
Dr. Hans Straßl, Bonn
Bemerkenswerte Doppelsterne und das Problem der Sternentwicklung
    1954, 70 Seiten, 8 Abb., kartoniert, DM 3,60

HEFT 27
Prof. Dr. Heinrich Behnke, Münster
Der Strukturwandel der Mathematik in der ersten Hälfte des 20. Jahrhunderts
Prof. Dr. Emanuel Sperner, Hamburg
Eine mathematische Analyse der Luftdruckverteilungen in großen Gebieten
    1956, 96 Abb, 12 Abb, 5 Tab., kartoniert, DM 5,—

HEFT 28
Prof. Dr. Oskar Niemczyk, Aachen
Die Problematik gebirgsmechanischer Vorgänge im Steinkohlenbergbau
Prof. Dr. Wilhelm Ahrens, Krefeld
Die Bedeutung geologischer Forschung für die Wirtschaft, besonders in Nordrhein-Westfalen
    1955, 96 Seiten, 12 Abb., kartoniert, DM 5,25

HEFT 29
Prof. Dr. Bernhard Rensch, Münster
Das Problem der Residuen bei Lernleistungen
Prof. Dr. Hermann Fink, Köln
Über Leberschäden bei der Bestimmung des biologischen Wertes verschiedener Eiweiße von Mikroorganismen
    1954, 96 Seiten, 23 Abb., kartoniert, DM 5,25

HEFT 30
Prof. Dr.-Ing. Friedrich Seewald, Aachen
Forschungen auf dem Gebiete der Aerodynamik
Prof. Dr.-Ing. Karl Leist, Aachen
Einige Forschungsarbeiten aus der Gasturbinentechnik
    1955, 98 Seiten, 45 Abb., kartoniert, DM 7,—

HEFT 31
Prof. Dr.-Ing. Dr. h. c. Fritz Mietzsch, Wuppertal
Chemie und wirtschaftliche Bedeutung der Sulfonamide
Prof. Dr. Dr. h. c. Gerhard Domagk, Wuppertal
Die experimentellen Grundlagen der bakteriellen Infektionen
    1954, 82 Seiten, 2 Abb., kartoniert, DM 4,—

HEFT 32
Prof. Dr. Hans Braun, Bonn
Die Verschleppung von Pflanzenkrankheiten und -schädigungen über die Welt
Prof. Dr. Wilhelm Rudorf, Voldagsen
Der Beitrag von Genetik und Züchtung zur Bekämpfung von Viruskrankheiten der Nutzpflanzen
    1953, 88 Seiten, 36 Abb., kartoniert, DM 5,—

HEFT 33
Prof. Dr.-Ing. Volker Aschoff, Aachen
Probleme der elektroakustischen Einkanalübertragung
Prof. Dr.-Ing. Herbert Döring, Aachen
Erzeugung und Verstärkung von Mikrowellen
    1954, 74 Seiten, 23 Abb., kartoniert, DM 4,30

HEFT 34
Geheimrat Prof. Dr. Dr. Rudolf Schenck, Aachen
Bedingungen und Gang der Kohlenhydratsynthese im Licht
Prof. Dr. Emil Lehnartz, Münster
Die Endstufen des Stoffabbaues im Organismus
    1954, 80 Seiten, 11 Abb., kartoniert, DM 4,20

HEFT 35
Prof. Dr.-Ing. Hermann Schenck, Aachen
Gegenwartsprobleme der Eisenindustrie in Deutschland
Prof. Dr.-Ing. Eugen Piwowarsky †, Aachen
Gelöste und ungelöste Probleme im Gießereiwesen
    1954, 110 Seiten, 67 Abb., kartoniert, DM 6,50

HEFT 36
Prof. Dr. Wolfgang Riezler, Bonn
Teilchenbeschleuniger
Prof. Dr. Gerhard Schubert, Hamburg
Anwendung neuer Strahlenquellen in der Krebstherapie
    1954, 104 Seiten, 43 Abb., kartoniert, DM 7,—

HEFT 37
Prof. Dr. Franz Lotze, Münster
Probleme der Gebirgsbildung
Bergwerksdirektor Bergassessor a.D. G. Rauschenbach, Essen
Die Erhaltung der Förderungskapazität des Ruhrbergbaues auf lange Sicht
    in Vorbereitung

HEFT 38
Dr. E. Colin Cherry, London
Kybernetik
Prof. Dr. Erich Pietsch, Clausthal-Zellerfeld
Dokumentation und mechanisches Gedächtnis — zur Frage der Ökonomie der geistigen Arbeit
    1954, 108 Seiten, 31 Abb., kartoniert, DM 5,25

HEFT 39
Dr. Heinz Haase, Hamburg
Infrarot und seine technischen Anwendungen
Prof. Dr. Abraham Esau †, Aachen
Ultraschall und seine technischen Anwendungen
    1955, 80 Seiten, 25 Abb., kartoniert, DM 4,80

HEFT 40
Bergassessor Fritz Lange, Bochum-Hordel
Die wirtschaftliche und soziale Bedeutung der Silikose im Bergbau
Prof. Dr. Walter Kikuth, Düsseldorf
Die Entstehung der Silikose und ihre Verhütungsmaßnahmen
    1954, 120 Seiten, 40 Abb., kartoniert, DM 7,25

HEFT 40a
Prof. Dr. Eberhard Gross, Bonn
Berufskrebs und Krebsforschung
Prof. Dr. Hugo Wilhelm Knipping, Köln
Die Situation der Krebsforschung vom Standpunkt der Klinik
    1955, 88 Seiten, 31 Abb., kartoniert, DM 5,—

HEFT 41
Direktor Dr.-Ing. Gustav-Victor Lachmann, London
An einer neuen Entwicklungsschwelle im Flugzeugbau
Direktor Dr.-Ing. A. Gerber, Zürich-Oerlikon
Stand der Entwicklung der Raketen- und Lenktechnik
    1955, 88 Seiten, 44 Abb., kartoniert, DM 6,—

HEFT 42
Prof. Dr. Theodor Kraus, Köln
Lokalisationsphänomene und Raumordnung vom Standpunkt der geographischen Wissenschaft
Direktor Dr. Fritz Gummert, Essen
Vom Ernährungsversuchsfeld der Kohlenstoffbiologischen Forschungsstation Essen
    in Vorbereitung

HEFT 42a
Prof. Dr. Dr. h. c. Gerhard Domagk, Wuppertal
Fortschritte auf dem Gebiet der experimentellen Krebsforschung
    1954, 46 Seiten, kartoniert, DM 2,—

HEFT 43
Prof. Giovanni Lampariello, Rom
Über Leben und Werk von Heinrich Hertz
Prof. Dr. Walter Weizel, Bonn
Über das Problem der Kausalität in der Physik
    1955, 76 Seiten, kartoniert, DM 3,30

HEFT 43a
Prof. Dr. José Mª Albareda, Madrid
Die Entwicklung der Forschung in Spanien
    in Vorbereitung

HEFT 44
Prof. Dr. Burckhardt Helferich, Bonn
Über Glykoside
Prof. Dr. Fritz Micheel, Münster
Kohlenhydrat-Eiweiß-Verbindungen und ihre biochemische Bedeutung
    in Vorbereitung

HEFT 45
Prof. Dr. John von Neumann, Princeton, USA
Entwicklung und Ausnutzung neuerer mathematischer Maschinen
Prof. Dr. E. Stiefel, Zürich
Rechenautomaten im Dienste der Technik mit Beispielen aus dem Züricher Institut für angewandte Mathematik
    1955, 74 Seiten, 6 Abb., kartoniert, DM 3,50

HEFT 46
Prof. Dr. Wilhelm Weltzien, Krefeld
Ausblick auf die Entwicklung synthetischer Fasern
Prof. Dr. Walther Hoffmann, Münster
Wachstumsformen der Industriewirtschaft
    in Vorbereitung

HEFT 47
Staatssekretär Prof. Leo Brandt, Düsseldorf
Die praktische Förderung der Forschung in Nordrhein-Westfalen
Prof. Dr. Ludwig Raiser, Bad Godesberg
Die Förderung der angewandten Forschung durch die Deutsche Forschungsgemeinschaft
    in Vorbereitung

HEFT 48
Dr. Hermann Tromp, Rom
Bestandsaufnahme der Wälder der Welt als internationale und wissenschaftliche Aufgabe
Prof. Dr. Franz Heske, Schloß Reinbek
Die Wohlfahrtswirkungen des Waldes als internationales Problem
    in Vorbereitung

HEFT 49
Präsident Dr. G. Böhnecke, Hamburg
Zeitfragen der Ozeanographie
Reg.-Direktor Dr. H. Gabler, Hamburg
Nautische Technik und Schiffssicherheit
    1955, 120 Seiten, 49 Abb., kartoniert, DM 7,50

HEFT 50
Prof. Dr.-Ing. Friedrich A. F. Schmidt, Aachen
Probleme der Selbstzündung und Verbrennung bei der Entwicklung der Hochleistungskraftmaschinen
Prof. Dr.-Ing. A. W. Quick, Aachen
Ein Verfahren zur Untersuchung des Austauschvorganges in verwirbelten Strömungen hinter Körpern mit abgelöster Strömung
    in Vorbereitung

HEFT 51
Prof. Dr. Siegfried Strugger, Münster
Struktur, Entwicklungsgeschichte und Physiologie der Chloroplasten
Direktor Dr. J. Pätzold, Erlangen
Therapeutische Anwendung mechanischer und elektrischer Energie
    in Vorbereitung

HEFT 52
Mr. Patmore, London
Lufttüchtigkeit und technische Prüfung der Flugzeuge in England
Prof. A. D. Young, Cranfield
Die Ausbildung des Ingenieurnachwuchses auf dem Luftfahrtgebiet in England
    in Vorbereitung

JAHRESFEIER 1955
Prof. Dr. Josef Pieper, Münster
Über den Philosophie-Begriff Platons
Prof. Dr. Walter Weizel, Bonn
Die Mathematik und die physikalische Realität
    1955, 62 Seiten, kartoniert, DM 2,90

HEFT 52a
Dr. D. C. Martin, London
Geschichte und Organisation der Royal Society
Dr. Roux, Südafrika
Probleme der wissenschaftlichen Forschung in der Südafrikanischen Union
    in Vorbereitung

HEFT 53
Prof. Dr.-Ing. Georg Schnadel, Hamburg
Forschungsaufgaben zur Untersuchung der Festigkeitsprobleme im Schiffbau
Prof. Dipl.-Ing. Wilhelm Sturtzel, Duisburg
Forschungsaufgaben zur Untersuchung der Widerstandsprobleme im Schiffbau
    in Vorbereitung

HEFT 53a
Prof. Giovanni Lampariello, Rom
Von Galilei zu Einstein
    1956, 92 Seiten, kartoniert, DM 4,20

HEFT 54
Prof. Dr. Julius Bartels, Göttingen
Sonne und Erde — das Thema des internationalen geophysikalischen Jahres
Direktor Dr. Walter Dieminger, Lindau/Harz
Ionosphäre und drahtloser Weitverkehr
    in Vorbereitung

HEFT 54a
Sir John Cockcroft, London
Die friedliche Anwendung der Kernenergie
    in Vorbereitung

HEFT 55
Prof. Dr.-Ing. Fritz Schultz-Grunow, Aachen
Das Kriechen und Fließen hochzäher und plastischer Stoffe
Prof. Dr.-Ing. Hans Ebner, Aachen
Wege und Ziele der Festigkeitsforschung besonders im Hinblick auf den Leichtbau
    in Vorbereitung

WESTDEUTSCHER VERLAG · KÖLN UND OPLADEN

HEFT 56
Prof. Dr. Ernst Derra, Düsseldorf
Der Entwicklungsstand der Herzchirurgie
Prof. Dr. Gunther Lehmann, Dortmund
Muskelarbeit und Muskelermüdung in Theorie und Praxis
in Vorbereitung

HEFT 57
Prof. Dr. Theodor von Kármán, Pasadena
Freiheit und Organisation in der Luftfahrtforschung
in Vorbereitung

HEFT 58
Prof. Dr. Fritz Schröter, Ulm
Neue Forschungs- und Entwicklungsrichtungen im Fernsehen
Prof. Dr. Albert Narath, Berlin
Der gegenwärtige Stand der Filmtechnik
in Vorbereitung

HEFT 59
Prof. Dr. Richard Courant, New York
Die Bedeutung der modernen mathematischen Rechenmaschinen für mathematische Probleme der Hydrodynamik und Reaktortechnik
Prof. Dr. Ernst Peschl, Bonn
Die Rolle der komplexen Zahlen in der Mathematik und die Bedeutung der komplexen Analysis
in Vorbereitung

VERÖFFENTLICHUNGEN DER ARBEITSGEMEINSCHAFT FÜR FORSCHUNG DES LANDES NORDRHEIN-WESTFALEN

GEISTESWISSENSCHAFTEN

Im Auftrage des Ministerpräsidenten Fritz Steinhoff
herausgegeben von Staatssekretär Prof. Leo Brandt

HEFT 1
Prof. Dr. Werner Richter, Bonn
Die Bedeutung der Geisteswissenschaften für die Bildung unserer Zeit
Prof. Dr. Joachim Ritter, Münster
Die aristotelische Lehre vom Ursprung und Sinn der Theorie
1953, 64 Seiten, kartoniert, DM 2,90

HEFT 2
Prof. Dr. Josef Kroll, Köln
Elysium
Prof. Dr. Günther Jachmann, Köln
Die vierte Ekloge Vergils
1953, 72 Seiten, kartoniert, DM 2,90

HEFT 3
Prof. Dr. Hans Erich Stier, Münster
Die klassische Demokratie
1954, 100 Seiten, kartoniert, DM 4,50

HEFT 4
Prof. Dr. Werner Caskel, Köln
Lihyan und Lihyanisch. Sprache und Kultur eines frühgarabischen Königreiches
1954, 168 Seiten, 6 Abb., kartoniert, DM 8,25

HEFT 5
Prof. Dr. Thomas Ohm, Münster
Stammesreligionen im südlichen Tanganyika-Territorium
1953, 80 Seiten, 25 Abb., kartoniert, DM 8,—

HEFT 6
Prälat Prof. Dr. Dr. h. c. Georg Schreiber, Münster
Deutsche Wissenschaftspolitik von Bismarck bis zum Atomwissenschaftler Otto Hahn
1954, 102 Seiten, 7 Bilder, kartoniert, DM 5,—

HEFT 7
Prof. Dr. Walter Holtzmann, Bonn
Das mittelalterliche Imperium und die werdenden Nationen
1953, 28 Seiten, kartoniert, DM 1,30

HEFT 8
Prof. Dr. Werner Caskel, Köln
Die Bedeutung der Beduinen in der Geschichte der Araber
1954, 44 Seiten, kartoniert, DM 2,—

HEFT 9
Prälat Prof. Dr. Dr. h. c. Georg Schreiber, Münster
Irland im deutschen und abendländischen Sakralraum

HEFT 10
Prof. Dr. Peter Rassow, Köln
Forschungen zur Reichsidee im 16. und 17. Jahrhundert
1955, 32 Seiten, kartoniert, DM 1,50

HEFT 11
Prof. Dr. Hans Erich Stier, Münster
Roms Aufstieg zur Weltherrschaft
in Vorbereitung

HEFT 12
Prof. D. Karl Heinrich Rengstorf, Münster
Mann und Frau im Urchristentum
Prof. Dr. Hermann Conrad, Bonn
Grundprobleme einer Reform des Familienrechts
1954, 106 Seiten, kartoniert, DM 4,50

HEFT 13
Prof. Dr. Max Braubach, Bonn
Der Weg zum 20. Juli 1944
1953, 48 Seiten, kartoniert, DM 2,20

HEFT 14
Prof. Dr. Paul Hübinger, Münster
Das deutsch-französische Verhältnis und seine mittelalterlichen Grundlagen
in Vorbereitung

HEFT 15
Prof. Dr. Franz Steinbach, Bonn
Der geschichtliche Weg des wirtschaftenden Menschen in die soziale Freiheit und politische Verantwortung
1954, 76 Seiten, kartoniert, DM 2,90

HEFT 16
Prof. Dr. Josef Koch, Köln
Die Ars coniecturalis des Nikolaus von Cues
1956, 56 Seiten, 2 Abb., kartoniert, DM 2,90

HEFT 17
*Prof. Dr. James Conant,
US-Hochkommissar für Deutschland*
Staatsbürger und Wissenschaftler
Prof. D. Karl Heinrich Rengstorf, Münster
Antike und Christentum
1953, 48 Seiten, 2 Abb., kartoniert, DM 2,90

HEFT 18
Prof. Dr. Richard Alewyn, Köln
Klopstocks Publikum
in Vorbereitung

HEFT 19
Prof. Dr. Fritz Schalk, Köln
Das Lächerliche in der französischen Literatur des Ancien Régime
1954, 42 Seiten, kartoniert, DM 2,—

HEFT 20
Prof. Dr. Ludwig Raiser, Bad Godesberg
Rechtsfragen der Mitbestimmung
1954, 48 Seiten, kartoniert, DM 2,—

HEFT 21
Prof. D. Martin Noth, Bonn
Das Geschichtsverständnis der alttestamentlichen Apokalyptik
1953, 36 Seiten, kartoniert, DM 1,60

HEFT 22
Prof. Dr. Walter F. Schirmer, Bonn
Glück und Ende des Königs in Shakespeares Historien
1954, 32 Seiten, kartoniert, DM 1,50

HEFT 23
Prof. Dr. Günther Jachmann, Köln
Der homerische Schiffskatalog und die Ilias
in Vorbereitung

HEFT 24
Prof. Dr. Theodor Klauser, Bonn
Die römischen Petrustraditionen im Lichte der neuen Ausgrabungen unter der Peterskirche
in Vorbereitung

HEFT 25
Prof. Dr. Hans Peters, Köln
Die Gewaltentrennung in moderner Sicht
1955, 48 Seiten, kartoniert, DM 2,20

HEFT 26
Prof. Dr. Fritz Schalk, Köln
Calderon und die Mythologie
in Vorbereitung

HEFT 27
Prof. Dr. Josef Kroll, Köln
Vom Leben geflügelter Worte
in Vorbereitung

WESTDEUTSCHER VERLAG · KÖLN UND OPLADEN

HEFT 28
Prof. Dr. Thomas Ohm, Münster
Die Religionen in Asien
1954, 50 Seiten, 4 Abb., kartoniert, DM 5,—

HEFT 29
Prof. Dr. Johann Leo Weisgerber, Bonn
Die Ordnung der Sprache im persönlichen und öffentlichen Leben
1955, 64 Seiten, kartoniert, DM 2,90

HEFT 30
Prof. Dr. Werner Caskel, Köln
Entdeckungen in Arabien
1954, 44 Seiten, kartoniert, DM 2,—

HEFT 31
Prof. Dr. Max Braubach, Bonn
Entstehung und Entwicklung der landesgeschichtlichen Bestrebungen und historischen Vereine im Rheinland
1955, 32 Seiten, kartoniert, DM 1,60

HEFT 32
Prof. Dr. Fritz Schalk, Köln
Somnium und verwandte Wörter in den romanischen Sprachen
1955, 48 Seiten, 3 Abb., kartoniert, DM 2,50

HEFT 33
Prof. Dr. Friedrich Dessauer, Frankfurt a. M.
Erbe und Zukunft des Abendlandes
in Vorbereitung

HEFT 34
Prof. Dr. Thomas Ohm, Münster
Ruhe und Frömmigkeit
1955, 128 Seiten, 30 Abb., kartoniert, DM 8,—

HEFT 35
Prof. Dr. Hermann Conrad, Bonn
Die mittelalterliche Besiedlung des deutschen Ostens und das Deutsche Recht
1955, 40 Seiten, kartoniert, DM 2,—

HEFT 36
Prof. Dr. Hans Sckommodau, Köln
Die religiösen Dichtungen Margaretes von Navarra
1955, 172 Seiten, kartoniert, DM 7,20

HEFT 37
Prof. Dr. Herbert von Einem, Bonn
Der Mainzer Kopf mit der Binde
1955, 88 Seiten, 40 Abb., kartoniert, DM 6,—

HEFT 38
Prof. Dr. Joseph Höffner, Münster
Statik und Dynamik in der scholastischen Wirtschaftsethik
1955, 48 Seiten, kartoniert, DM 2,20

HEFT 39
Prof. Dr. Fritz Schalk, Köln
Diderots Essai über Claudius und Nero
in Vorbereitung

HEFT 40
Prof. Dr. Gerhard Kegel, Köln
Probleme des internationalen Enteignungs- und Währungsrechts
in Vorbereitung

HEFT 41
Prof. Dr. Johann Leo Weisgerber, Bonn
Die Grenzen der Schrift — Der Kern der Rechtschreibreform
1955, 72 Seiten, kartoniert, DM 3,25

HEFT 42
Prof. Dr. Richard Alewyn, Köln
Von der Empfindsamkeit zur Romantik
in Vorbereitung

HEFT 43
Prof. Dr. Theodor Schieder, Köln
Die Probleme des Rapallo-Vertrages 1922
in Vorbereitung

HEFT 44
Prof. Dr. Andreas Rumpf, Köln
Stilphasen der spätantiken Kunst
in Vorbereitung

HEFT 45
Dr. Ulrich Luck, Münster
Kerygma und Tradition in der Hermeneutik Adolf Schlatters
1955, 136 Seiten, kartoniert, DM 6,15

HEFT 46
Prof. Dr. Walther Holtzmann, Rom
Das Deutsche Historische Institut in Rom
Prof. Dr. Graf Wolff Metternich, Rom
Die Bibliotheca Hertziana und der Palazzo Zuccari
1955, 68 Seiten, 7 Abb., kartoniert, DM 3,50

JAHRESFEIER 1955
Prof. Dr. Josef Pieper, Münster
Über den Philosophie-Begriff Platons
Prof. Dr. Walter Weizel, Bonn
Die Mathematik und die physikalische Realität
1955, 62 Seiten, kartoniert, DM 2,90

HEFT 47
Prof. Dr. Harry Westermann, Münster
Person und Persönlichkeit im Zivilrecht
in Vorbereitung

HEFT 48
Prof. Dr. Johann Leo Weisgerber, Bonn
Die Namen der Ubier
in Vorbereitung

HEFT 49
Prof. Dr. Friedrich Karl Schumann, Münster
Mythos und Technik *in Vorbereitung*

HEFT 50
Prof. Dr. Wolfgang Schöne, Hamburg
Raffaels Sixtinische Madonna
in Vorbereitung

HEFT 51
Prälat Prof. Dr. Dr. h. c. Georg Schreiber, Münster
Der Bergbau in Geschichte, Ethos und Sakralkultur
in Vorbereitung

HEFT 52
Prof. Dr. Hans J. Wolff, Münster
Die Rechtsgestalt der Universität
in Vorbereitung

HEFT 53
Prof. Dr. Heinrich Vogt, Bonn
Schadenersatzprobleme im Verhältnis von Haftungsgrund und Schaden
in Vorbereitung

HEFT 54
Prof. Dr. Max Braubach, Bonn
Der Einmarsch der deutschen Truppen in die entmilitarisierte Zone am Rhein im März 1936. Ein Beitrag zur Vorgeschichte des zweiten Weltkrieges
in Vorbereitung

HEFT 55
Prof. Dr. Herbert von Einem, Bonn
Die Menschwerdung Christi des Isenheimer Altars
in Vorbereitung

HEFT 56
Prof. Dr. E. J. Cohn, London
Der englische Gerichtstag
in Vorbereitung

HEFT 57
Dr. Albert Woopen, Aachen
Die Zivilehe und der Grundsatz der Unauflöslichkeit der Ehe in der Entwicklung des italienischen Zivilrechts
1956, 88 Seiten, kartoniert, DM 4,—

WESTDEUTSCHER VERLAG · KÖLN UND OPLADEN

If you have any concerns about our products,
you can contact us on
ProductSafety@springernature.com

In case Publisher is established outside the EU,
the EU authorized representative is:
Springer Nature Customer Service Center GmbH
Europaplatz 3, 69115 Heidelberg, Germany

Printed by Libri Plureos GmbH
in Hamburg, Germany